有梦想的人在奔跑，没想法的人在流浪

U0828717

张芝涵◎著

中国纺织出版社有限公司

内 容 提 要

在这个充满梦想和机遇的年代，付出行动并持续不断地努力是实现梦想的唯一途径，唯有这样，方能让理想照进现实，空喊口号的人始终无缘于梦想的实现。

本书是催人奋进的心灵催化剂，告诫年轻的朋友，有梦想的人在奔跑，没想法的人在流浪。你只有去做，梦想才有实现的可能，如果你能坚持不懈，你终究会体会到收获的快乐。

图书在版编目（CIP）数据

有梦想的人在奔跑，没想法的人在流浪 / 张芝涵著. --北京：中国纺织出版社有限公司，2020. 9
ISBN 978-7-5180-7241-5

Ⅰ.①有…　Ⅱ.①张…　Ⅲ.①成功心理—通俗读物
Ⅳ.①B848.4-49

中国版本图书馆CIP数据核字（2020）第043163号

责任编辑：闫　星　　责任校对：韩雪丽　　责任印制：储志伟

中国纺织出版社有限公司出版发行
地址：北京市朝阳区百子湾东里A407号楼　邮政编码：100124
销售电话：010—67004422　传真：010—87155801
http：//www.c-textilep.com
中国纺织出版社天猫旗舰店
官方微博http：//weibo.com/2119887771
三河市延风印装有限公司印刷　各地新华书店经销
2020年9月第1版第1次印刷
开本：880×1230　1/32　印张：6
字数：128千字　定价：39. 80元

前　言

PREFACE

有人说，人生是一个拥有无限可能性的命题，正因为有多种可能性，它才更加精彩。的确，年轻就是奋发的年纪。对于自己的未来，我们很多人都满怀信心，并树立了伟大的梦想，然而，随着时间的流逝，最终又有多少人实现自己的梦想，大概失败者居多，庸庸碌碌者居多，成功者寥寥无几。这是为什么呢？什么又能帮助我们敲开成功之门呢？

因为缺乏行动，他们的梦想最后成了空想！有人说天下最悲哀的一句话就是：我当时真应该那么做却没有那么做。每天都可以听到有人说："如果我在那时开始那笔生意，早就发财了！"或"我早就料到了，我好后悔当时没有做！"有梦想的人在奔跑，没想法的人在流浪。即便是再好的想法，假如始终停留在空想的阶段，也就变成了水中花镜中月，完全没有可能变成现实，如果真的彻底施行，当然也会带来无限的满足。

我们看到的更多的是那些空有想法的人，他们总幻想一夜成功，总有很多新奇的点子，然而只是"心动"，却未行动，他们忽略的是，梦想的实现，需要每个人都脚踏实地、坚定不移地去拼搏和努力。否则，只停留在思想阶段的梦想，只会变成空想，最终消散得无影无踪，也不会对我们的人生有任何实际性的改变。

台湾文案天后、北京大学新闻与传播学院客座讲师李欣频说：“我们这一代的年轻人，不要只做梦，要学会造梦。找到自己的核心天赋，去深耕，你会看到梦想自己会开花。”可见，你一定要有立刻行动的决心，坐而言、坐而思只能形成方法，起而行才可能有成果。

梦想谁都有，但是努力和不断奋进才是实现梦想的唯一途径。不得不说，我们所生活的世界，日新月异，瞬息万变，各种机遇充斥在我们周围，我们更要认识到行动的重要性，做到敢为人先。现代乃至未来社会，执行力就是竞争力，成败的关键在于执行。

生活中的你，如果还有梦想，就大胆地去做吧，你和梦想之间只差一个行动。然而，现在的你，是否依然很迷茫，是否缺乏勇气？这就是本书——《有梦想的人在奔跑，没想法的人在流浪》编写的初衷。

本书是催人奋进的心灵催化剂，它旨在帮助我们反省自己的人生、唤醒自己的梦想，并激发我们行动的动力。看完本书，你会获得力量，会找到自己热爱的事业，最终驾驭自己的人生，实现自己的梦想！

作者

2020年1月

目录

CONTENTS

第1章 人生有梦不迷茫，梦想是生命里的光 // 001

人一定要有梦想，即使它有点遥远 // 002

梦想，从来都不是做白日梦 // 006

尽早认准前行的方向，勇敢地执行 // 009

带着你的梦想，燃烧你的青春 // 013

第2章 一辈子很短，总要为梦想拼搏一次 // 019

一辈子总要为理想拼搏一次 // 020

你不吃点苦，怎能指望攀登人生巅峰 // 024

你不逼自己一把，就不知道自己有多优秀 // 029

做擅长的事，走熟悉的路 // 033

第3章 牢记你的梦想，有梦想就有前行的希望 // 037

坚持你的梦想，它是你的信仰 // 038

有信念，才能更好地成长和前行 // 042

今天你付出的努力，终会有所回报 // 046

有梦想，就要坚持 // 050

第4章　有梦想的人总在长夜里痛苦，又迎着朝阳出发　// 055

积极的心态，是梦想的阳光　// 056

梦想，青睐于乐观的人　// 060

与其抱怨，不如勇敢爬起来　// 063

真正的强者，都会将困难踩在脚下　// 067

第5章　梦想需要坚持，追梦决不能说说而已　// 073

梦想之路，跪着也要走完　// 074

忍一忍，再坚持一下也许就成功了　// 077

再试一次，你就有可能好梦成真　// 082

一往无前，无论如何别放弃你的梦想　// 086

第6章　马上行动，不要让梦想萎缩　// 091

现在就去做，别让你的梦想萎缩　// 092

你不努力，就别指望实现梦想　// 096

梦想，需要机遇来照亮　// 099

瞻前顾后，只会一事无成　// 103

第7章　梦想太多，反而让你找不到奋斗的方向　// 109

目标太多，反而让你分散精力、心力交瘁　// 110

想要太多，会得不偿失 // 114
果断舍弃，集中精力做你真正想做的事 // 118
过度思虑，只会限制你的行动 // 122

第8章 你若不去做，梦想只能是“梦”与“想” // 127

你不去做，梦想就只是美梦 // 128
立即去做，才能快人一步 // 131
从现在开始，为梦想走出安逸的舒适圈 // 135
专心致志，始终朝着目标前进 // 139

第9章 厚积薄发，没有实力何谈梦想 // 145

梦想，就是好习惯的积累 // 146
不断学习，梦想需要真功夫 // 150
没有实力，何谈梦想 // 155
梦想的实现，就是将简单和平凡的小事做到极致 // 159

第10章 梦想没有直行车，你需要做的努力很多 // 163

善于合作，借助他人的力量实现人生梦想 // 164
严格要求自己，别给自己放纵的机会 // 168
时间有限，尽快找准自己的人生定位 // 172

选择你所爱的，爱你所选择的 // 176
为梦想拼搏，也要注重身体健康 // 180

参考文献 // 184

第1章

人生有梦不迷茫，梦想是生命里的光

我们常提到“梦想”一词，那么，梦想是什么？梦想是美好的愿望，是富有诗意的憧憬。任何人，可以失去一切，但不能失去梦想，失去梦想就失去了灵魂，这就好比黑夜里行船，让原本就没有明确方向的航行变得更加迷惘。为此，我们每个人都要趁着年轻确定自己的梦想，发现自己的人生航向，并且还要真正扎根于梦想，让梦想成为人生的引航灯，让梦想指引着人生不断进步、积极向上。

人一定要有梦想，即使它有点遥远

有人说，人生是一场没有归途的旅程，在不断向前的人生中，一个人要想收获命运的馈赠，就必须树立梦想，为自己指明方向。自古以来，人们都十分重视志向和梦想。诸葛亮在写给他外甥的一封信中说过："夫志当存高远"，"若志不强毅，意不慷慨，徒碌碌滞于俗，默默束于情，永窜伏于凡庸，不免于下流矣"。意思是说，做人应该有远大的理想和志气，如果意志不坚强、心胸不开阔，整天忙于身边的生活琐事，受个人感情的支配和束缚，长期在庸俗的气氛中过日子，就会成为一个平庸的人。北宋大文学家苏东坡说："古之立大事者，不惟有超世之才，亦有坚忍不拔之志。"明代学者王阳明说："志不立，天下无可成之事。"志向，就是人们立下的奋斗目标，以及为实现这一目标而下的决心。

美国潜能成功学大师安东尼·罗宾曾说："如果你在从事销售工作，赚1万美元和10万美元哪个更容易呢？也许你会说是1万美元，其实并不是，赚10万美元更容易！也许你会好奇这是为什么，因为如果你的目标是赚1万美元，那么，你的打算不过是糊口，你在工作时还会有动力吗？你能迸发出热情吗？"

的确，一个具有崇高理想和远大志向的人，毫无疑问会比一个根本没有目标的人更有作为。有句苏格兰谚语说："扯住金制长袍的人，或许可以得到一只金袖子。"那些志存高远的人，所取得的成就必定远远离开起点。即使你的目标没有完全实现，你为之付出的努力本身也会让你受益终生。

奥普拉·温费瑞是新时代女性的代表，她不仅是第一位黑人主持人，还是《时长》杂志的模特。

我们谁都想成为像奥普拉那样的人，但却未必谁都能成为这样的人。然而，奥普拉身上的力量却鼓舞着我们每个人。

在奥普拉小的时候，家里实在太穷了，所以她只能穿用麻袋做的衣服，还曾被人当作"麻袋少女"而嘲笑。因为她是私生女，所以她一直饱受歧视和虐待，在她9岁的时候惨遭表哥强暴。到14岁的时候，她成了一名未婚妈妈。更不幸的是，她失去了自己的孩子。这一切的不幸遭遇，使她离家出走、精神崩溃并沾染上毒品。

可是，很快，她意识到自己不能再这样生活下去了，所以她下定决心，第一步就是要戒掉毒品。这个过程太困难了，但是她真的做到了。

为了成为一名优秀的脱口秀主持人，她决心从最杰出的知识开始学，但是因为家境贫寒，学习到的知识有限，所以这些对于她来说都是异常困难的，但是她从来没有放弃过，在她的字典里，没有什么事情是不可能的，"除非你不愿意去做"。

所以，最后当她美丽地站在镁光灯下面，她可以大声地说：“我以自身的努力，享受到了收获的快乐。”

并不是每个人都能成为奥普拉，但是只要你有梦想、有行动，就会像她一样获得成功的青睐。没有人能够预知事情的结果，但是却能够通过自己的决心来改变事情的未来，你也可以摘得胜利的果实。时光，最终把最好的东西留给最优秀的奥普拉。

在生活中，对于自己的梦想或是目标，不管有多么虚无缥缈，多么不切实际，都需要坚持到底，永远相信自己一定能办到，一定可以实现这些目标。如果有人对我们的想法进行挑衅，也不要退缩，更不要随意更改自己的目标，有句话叫“走自己的路，让别人去说吧”，别人爱挑衅，对我们的言行进行冷嘲热讽，那是他们自己的事情，而我们只需要保持自信，就可以赢得最后的成功。

人只有树立了目标，内心的力量和头脑的智慧才会找到方向。目标是对于所期望成就的事业的真正决心。如果一个人没有目标，就只能在人生的旅途上徘徊，永远到不了任何地方。正如空气对于生命一样，目标对于成功也有绝对的必要。如果没有空气，人就不能生存；如果没有目标，没有任何人能成功。

当然，只拥有梦想还不够，还要将梦想化为行动力。正如大文豪高尔基所说，每个人唯有不断地向着人生的目标前进，才能持续提升和完善自己，也才能让自己变得才华横溢，成为能够实现自身的价值且对社会有益的人。对于每个人而言，这都是不变的真理，否则如果仅仅把梦想停留在空想阶段，而且从来不在真正意义上认识梦想，那么最终梦想就会成为人生的禁锢，也会导致人生变得苍白无力。

因此，生活中的人们，为梦想努力吧。假如你是一名学生，为分数而努力学习，你就会得到分数；但如果为充实自己、为求知而读书，除了得到分数外，你还会获得知识和成长。为了挣钱而做生意，你的努力会帮你实现财富梦；为了事业而做生意，除了财富外，你还获得为之打拼的快乐。为每月定时发放的薪水而工作，你可能得到较少的薪水；如果你为提高公司业绩而工作，你不仅会得到较多的薪水，也会得到自我满足和同事的敬重，你对公司的贡献将会大得多，你的报酬也会大得多。

总之，梦想具有无穷的力量。梦想也会给我们带来快乐，只要你追随自己的天赋和内心，你就会发现，你的生命被赋予更高的意义，你也不再是消磨光阴，而是在让时间闪闪发光，奋斗也就是快乐的事。

梦想，从来都不是做白日梦

我们都知道，梦想对于我们的行为有指引作用，因此，我们推崇人要尽早地树立自己为之奋斗一生的目标，然后，一步一步做下去。其实实现目标的方法极为简单，从现在开始，从你目前的学业和工作出发，完成你的原始积累。

然而，我们的生活中，却也有这样一些人，他们习惯于做白日梦，他们管不住自己的大脑，总是幻想着这样或那样的事，但事实上，能够将任何有意义的小事情做好，就是成功的预示。我们的目标如果不切实际，那么，盲目地坚持也只会以失败而告终，要做到这一点，我们就要平静下来，脚踏实地地做好手头的事，一步一个脚印。成就绝非朝夕之功，凡事必须从小做起，只要有意义。

的确，梦想从来不是白日做梦，目标要切实可行，行动要脚踏实地。这样，你离你的梦想就不远了。

福特汽车是美国的汽车工业巨头之一，其创始人福特曾经遇到过一个年轻人，两人谈到梦想这个话题，年轻人说他的梦想就是赚到10000亿美元——超过福特现有财产的100倍，这可着实把福特吓了一跳。

福特问他："你要那么多钱做什么？"

年轻人顿了顿，说："老实讲，其实我也不知道，但好像只有这样才算是成功吧。”

福特说：“一个人果真拥有那么多钱，将会威胁整个世界，我看你还是先别考虑这件事吧。”

年轻人听完后默默地走了。

5年后，年轻人再次找到福特，他告诉福特，他想创办一所大学，他已经有10万美元，还缺少10万美元。福特开始帮助他，他们再没有提过那10000亿美元的事。

经过8年的努力，年轻人成功了，他就是著名的伊利诺斯大学的创始人本·伊利诺斯。

要赚够10000亿美元的梦想，已经到了狂想的地步，这个目标，只能让茫然的人更加茫然。我们关于梦想的勾勒应该是这样的：我目前拥有什么，我从哪里做起才能让自己的生活发生一些正面的变化。

能够获得成功的人都知道，进步是一点一滴不断地努力得来的。例如，房屋是由一砖一瓦堆砌成的，篮球比赛的最后胜利是由一次一次的得分累积而成的，商店的繁荣也是靠着一个一个的顾客在不停地购物过程中形成的，所以每一个重大的成就都是由一系列的小成就累积成的。“继续走完下一里路”的原则不仅对别人很有用，当然对你也很有用。对二十几岁的年轻人来讲，不管被指派的工作多么不重要，都应该将之看成“使自己向前跨一步”的好机会。推销员每促成一笔交易，就为迈向更高的管理职位积累了条件。教授每一次的演讲，科学家每一次的实验，都是向前跨一步、更上一层楼的好机会。

有些人看似一夜成名，但是如果你仔细看看他们过去的历史，就知道他们的成功并不是偶然得来的，他们早已投入无数心血，打好坚固的基础了。那些暴起暴落的人物，声名来得快，去得也快。他们的成功往往只是昙花一现，并没有深厚的根基与雄厚的实力。

现实生活中，有很多人都做着白日梦，幻想着自己有一天一定能够变得非常伟大。实际上，一味地做白日梦并不能帮助我们实现理想，真正切实有效的方法是一步一个脚印，从小事开始慢慢积累。这也是我们对所有人的忠告，你朝目标迈进的每一步都会增加你的快乐、热忱与自信。每天努力工作，你就会逐渐在心中激发出每件事都会成功的绝对信心。每天的进步能让你去除恐惧，消除怀疑。你会从积极地思考进展成为积极地领悟，没有一件事情可以阻挡得了你。

当然，我们还要注意的是，当出现在我们面前的是一座无法逾越的大山时，我们所需要的不是一条路走到黑的执着。这时，放弃这个错误的坚持则更加重要，再做明智的选择，行走另外一条路。因为天无绝人之路，上天在关掉一扇门的同时，也会为你再开一扇窗的，所以对于错误的坚持要不得，我们需要的是灵活应变，而不是盲目的执着。

可见，对于那些不切实际的坚持该放手的时候就要明智地放手，明知道这是一条走不通的死胡同，却还要继续往前走，面对的也许只有痛苦与浪费时间。

你的某些梦想会成真，某些梦想却会渐渐消失或改变，更有些会在你的眼前粉碎。在你的人生中，你可能必须放弃一到两个梦想。你这么做的时候，其他的机会又会展现在你面前。

务实的人都会为自己树立一个能够实现的目标。他们知道，如果把目标订得过高，不但会使自己无法脚踏实地地工作，而且也发挥不出目标的激励作用。因为当我们付出很多努力，仍旧无法达成目标时，我们就会变得懈怠和灰心。只有为自己树立一个能够实现的目标，才可以使自己明确航向，才能脚踏实地地去追求自己想要的生活。

那些已经有足够阅历的人都知道，人生经常会有一些有趣的反差。当你一心立大志、成大事的时候，很可能终其一生也两手空空；当你暂时收起雄心壮志，从身边小事开始行动时，反而会柳暗花明，出现意想不到的好机遇。

尽早认准前行的方向，勇敢地执行

关于未来，相信生活中不少人都有自己的梦想，但是真正成功的人并不多。成功者用他们的经历告诉我们，要想成为你想成为的人，就要尽早确定方向，勇敢地去执行，相信你能够收获一个丰富多彩的人生。

的确，任何一个有理想、有追求、有上进心的人，一定都有一个明确的奋斗目标，他懂得自己活着是为了什么。因而他所有的努力，从整体上来说都能围绕一个比较长远的目标进行，他知道自己怎样做是正确的、有用的，否则就是做无用功，或者浪费时间和生命。显然，成功者总是那些有目标的人，鲜花和荣誉从来不会降临到那些没有目标的人的头上。

很多人都听说过《南辕北辙》的故事，也一定知道即便拥有一切有利的条件，如果方向错了，那么还是会导致有利条件都变成不利条件，甚至对事情起到完全相反的作用和效果。对于每个人而言，人生都是如此，不管是拥有天赋的得天独厚者，还是能力平平的人，首先都要确立人生的方向，才能让自己的付出有所收获，也才能让人生事半功倍。

任何时候，只有理想和梦想是远远不够的。我们唯有坚定不移地迈开前进的脚步，并且一旦认准了脚下的路，就永不停歇地走下去，才能最终到达成功的彼岸，也才能成就自己与众不同的人生。朋友们，当你遭遇挫折的时候，当你为了命运多舛想要放弃的时候，不妨想想那些坚持不懈的成功人士吧，他们就是因为有顽强的信念和毅力，才获得伟大的成就。

所以，生活中的人们，如果你希望在未来过上幸福的生活，你就要尽早确定人生的方向，并从现在开始努力。而且，也绝不要给自己找任何的理由和借口，不要认为自己年纪大、自己愚笨，而要成为一个积极向上的人，培养自己的热忱，找到自己的目标，我们就能为现在的自己做一个准确的定位，就能实现自己的人生目标。

吴女士是一家民营企业的员工，她在这家公司已经干了十几年。这两年，吴女士深深感觉到自己在这一行业到了瓶颈期，不会有任何发展了。

为此，她从两三年前就动起了改行的心思，然而众所周知，隔行如隔山，对于已经三十几岁的吴女士而言，还有家庭需要照顾，改行又谈何容易呢？为此，虽然吴女士早就动了改行的心思，却一再地拖延下去，根本不知道怎样才能彻底改变自己。

过了38岁生日，吴女士知道自己已经不折不扣地奔四了，但是对于工作上的问题她却始终没有痛下决心。尤其是在夜深人静的时候，吴女士常常感到内心凄凉，也觉得前途茫然。她不止一次下决心要改变，但是等到明日的太阳照常升起之后，她又把决心都抛到脑后了，开始了浑浑噩噩的新的一天。

事例中吴女士的状态，相信生活中有很多朋友都经历过，甚至还对吴女士绝望的感触深有体会。然而，人生不是和尚撞钟，除了要做好最简单的工作外，还要拥有理想和抱负，才能有激情和热情，才能充满信心和勇气。所以对于那些总是蒙混度日的朋友而言，最可怕的不是在人生中退却，也不是不知道如何面对人生，而是不能够接受人生的挑战，真正地超越和战胜自己。唯有接受挑战，人生才会有别样的发展，也才会变得更精彩从容。

的确，大多数人觉得人生很迷茫，找不到方向，归根结底都是由于没有远大的志向和可以为之奋斗的目标。没有目标，就没有前进的方向，生活也就会过得像一盘散沙；没有远大的志向，人就会变得慵懒，没有动力，只能听天由命、茫然叹息。想不让机会就这样溜走，青春不会就这样逝去，只有靠志向和理想冲出迷茫的旋涡，崭新的人生之页才会为你从此刻掀开。

我们每个人都应该尽早确定人生努力的方向，尽早为未来的幸福生活做打算。你要想成为自己想成为的模样，就要趁早努力。因为目标是一切成就的起点。一个人，只有确立了前进的目标，他才会最大限度地发挥自己的潜力。除此之外，努力是实现目标的唯一途径，只有不断努力，我们才能检验出自己的创造性，才能锻炼自己、造就自己。

很多人都期待走上经济社会的舞台，并成长为影响一方的主角，但大多数人最后只能庸庸碌碌过一生。为什么，就是因为他们没有为之奋斗一生的目标，所以，整日浑浑噩噩，不知道努力是为了什么。长此以往，不只丧失前进的动力，人也会变得一蹶不振。

可见，在人生的道路上找准目标、确定人生方向，是每个人走向成功必须做的事。所谓目标，它可以是你这一阶段的努力方向，也可以是你整个职业规划的最终目的。只要有了明确的目标，知道自己想要的是什么，那么你的前景也会一片广阔。

当然，目标有大有小，建议大家在确定目标时可以先确定一个大目标，如职业理想、人生规划，然后将大目标细化，分成阶段性目标。这样就不会因为目标太渺茫而心生放弃之意，而且一步一步朝着目标不断靠近，人也会充满成就感。

带着你的梦想，燃烧你的青春

生活中，常常听到有人说“年轻就是资本”。时光如梭，人生如同白驹过隙，我们的青春时光啊，虽然漫长得足以供我们纵情挥霍，却又是那么短暂，短暂得转眼即逝。在如同热火般燃烧的青春岁月中，有的人茫茫然不知所措，有的人如同飞蛾扑火般燃烧自己，还有的人有理想有规划有实现的行动和勇气……无论怎样，青春就那样过去了，带着我们的梦想，也带着我们的激情。无数人的青春时光在经历绚烂的绽放之后，就像烟花灰飞烟灭，也有的人的青春在燃烧之后还给我们的生命留下光和热。青春注定是神奇的，我们也唯有热烈地在青春时光里燃烧过，才能尽情尽兴地享受青春。

对于年轻的朋友而言，人生总是充满着无限的可能性。他们既没有家庭的拖累，而且因为年轻正值热情似火的年纪，所以不管是对于工作还是事业，都处于最佳时期。在这种情况下，假如白白浪费宝贵的青春时光，无疑是让人感到遗憾的，也会给人生留下缺憾。正确的做法是趁着年轻，给自己的人生创造更多的机遇和可能，帮助自己挖掘到人生的第一桶金，或者沉淀人生的经验，为获得成功的人生奠定基础。

相信很多人都听过李玟阳这个名字，她被人们称为商业奇才，她的成功靠的也不只是幸运，一个20多岁的女子搏击商海，终于闯出了自己的一方天地。她的创业经历，不仅能让富家子弟模仿学习，而且也可以成为白手起家创业者的借鉴榜样。

和其他很多创业者不同的是，李玟阳创业并不是因为贫穷的生活所逼；相反，她出生于成都一个富裕家庭，是家里的独生女。实际上，含着“金钥匙”出生的她始终坚持，创业要靠自己。

无论是在文化还是艺术体育方面，李玟阳都表现出出色的天赋。不到15岁就考上了省内一家重点大学的金融专业，当时她也是这个专业年龄最小的学生。

大学毕业，在尝试了几份工作以后，她爱上了营销。随后，2000年，她终于瞒着家里做了人生第一笔独立的投资——在成都市区繁华的盐市口地段开了一家服装店。半年后，直到生意已经很好了，她父母才从别人那里听到这一消息。

李玟阳随后成立了一家贸易公司，主营医疗器械的进出口，以及机电工程项目、工厂项目的自动化系统和设备装置等。她挂职董事长、总经理两个头衔。这一次，父母虽说让她自己发展，但在很多项目中还是充当了幕后推手角色。

在经营这家公司时，她完成了一个经典运作：2002年，成都一家高校企业要完成一个污水处理项目，李玟阳先承包了其中很大一块，然后分包给几个不同的公司。

虽然这种模式现在已很普遍，但在当时尚属少见。这种创新之举让她在短短的几个月内赚了近千万元。

在完成千万元的积累后，2002年前后她开始寻找新的投资项目，并打算独立操刀。她先后考察过高校、水电、煤矿等多个项目，最终看中了广安华蓥的一家水泥厂。

在此期间，她认识了现在的丈夫，另一位企业家。在李玟阳的眼里，丈夫是个上进的人，家里也很赞成，因此从恋爱到结婚的时间并不长。夫妇俩很快就收购了这家水泥厂，紧接着又收购了当地另外一家大的水泥厂，前后共投入3000多万元。

经过努力，两个厂红火起来，资产规模达到数亿元。那时，她丈夫主管生产和设备，而她负责营销和财务。他们的事业达到一个新的高峰，李玟阳也在华蓥成了无人不晓的人物。

然而像不少富豪一样，他们也开始收到一些不怀好意者的恐吓。最惊险的一次是在2004年，她走在街道上，忽然被4个男子挟持。当时，来人把刀子比在她腰间，威逼她在一些生意事务上做出让步。

虽然这次她在身体上并没有受到大的伤害，但是像很多企业家一样，她开始学会保持一定程度的低调。而今她依然有一半的时间是在广安工作，但每次出门基本都要带保镖。

2005年，她接手一家经营惨淡的酒楼后，即为其经营赋予了难以复制的古文化概念，短时期内就在成都餐饮界确立了自己的地位。

对于很多正在创业的同龄人，李玟阳告诉他们的是，要独立干事业，必须有知识、有眼光、能吃苦，还要能放下架子。一个弱女子，尚有这等勇气，尚能取得如此成就，那我们呢？是不是也该向她学习、大胆尝试一下？

也许有人觉得，尽管很想创业，但是却因为缺乏资本，导致很多好的设想都付诸东流。其实年轻就是最大的资本，年轻人有足够的时间和勇气，也能够有更多的机会积累经验，至于金钱的资本无疑是最廉价的，当想法成熟时很容易就能得到家人的支持，所以反而不是创业的最大阻碍。朋友们，让我们从现在开始就努力积累人生的资本吧，唯有如此，我们才能用热血燃烧青春，用激情点燃生命！

另外，趁着年轻去追梦，即便失败，还有重新来过的时间和机会。年轻是什么？年轻就是热情，就是执着，就是那一份初生牛犊不怕虎的精神。要想成功，我们一定要将“恰同学少年，风华正茂；书生意气，挥斥方遒”作为自己的座右铭。年轻就是资本，失败了大不了重新来过。当下的这片天固然很蓝，但充其量现在的你只能是井底之蛙，更广阔的天空需要你跳出现在的藩篱才能看到。

的确，人生最美好的岁月就是年轻时代，因为年轻，意味着有诸多可能，意味着诸多精彩。你的选择不同，人生经历也就不同，有人选择安逸的生活；有人选择奋斗，在年轻的岁月里洒下汗水，种下希望。的确，年轻就是该奋斗的年龄，我们都应该趁着年轻去追梦，在追梦的过程中，我们不但成全了自己，也磨炼了自己的心志，从而成功战胜自己。不管什么时候，哪怕人生经风历雨，我们也要保持平和的心态，从而才能更加理智清楚地认知自己，成就自己的圆满人生。

第2章

一辈子很短，总要为梦想拼搏一次

对于人生，我们很多人都有自己的梦想，但遗憾的是，真正能够实现人生理想的人却少之又少。究其原因，并非因为我们的理想不切实际，也不是因为我们的各方面条件不够成熟，而是因为很多人根本没有为梦想去努力，所以导致我们的人生也渐渐变成一个残缺的圆圈，无法迅速奔跑向前。其实，人生如同白驹过隙，转瞬即逝，是非常短暂的，在有限的人生中，我们都要奋勇向前，大胆为梦想拼搏一次。唯有如此，我们才不会辜负自己，辜负人生。

一辈子总要为理想拼搏一次

人们常说：“思想有多远，就能走多远。”车尔尼雪夫斯基也曾说：“人的活动如果没有理想的鼓舞，就会变得空虚而渺小。”这两句话都道出了人的理想对行为的重要指导作用。这就是说，一个人能走多远，关键取决于我们的思想，如果你是个使命感强的人，你希望自己活得伟大，那么，对于当下的行动，你就能坚持不懈地努力。因此，我们每个人，都应该找到自己的使命，制订出明确的目标，并为实现自己的目标而奋斗，才能成为自己想成为的人。

的确，梦想对我们的人生有极大的指引作用，但是任何人都不要企图用你的嘴巴实现梦想，如果总是把梦想挂在嘴边当成口号去喊，却很少真正地付诸行动去把梦想变成现实，那么，梦想是不可能实现的，你的梦想最终会变成空想，你的人生也变得非常被动。

尤其是很多年轻人，总是以年轻作为资本，觉得自己非常年轻，有太多的机会去为人生拼搏，所以也不急于这一时。实际上，这样的想法是完全错误的。年轻的确是资本，但却是奋斗的资本，是努力进取的资本，而不是放松和懈怠的资本，宝贵的时光总是过得飞快，为此人们才说弹指一挥间。我们要想距离梦想更近，真正地实现梦想，就要全力以赴去努力，也要争分夺秒珍惜宝贵的人生光阴。

许多年前，一位劳苦的牧羊人领着两个年幼的儿子以替别人放羊来维持生计。一天，他们赶着羊来到一个山坡上，这时，一群大雁叫着从他们的头顶上飞过，并很快消失在远处。牧羊人的小儿子问父亲："大雁要往哪里飞？""它们要去一个温暖的地方，在那里安家，度过寒冷的冬天。"牧羊人说。他的大儿子眨着眼睛羡慕地说："要是我们也能像大雁一样飞起来就好了，那我就要飞得比大雁还要高，去天堂，看妈妈是不是在那里。"小儿子也对父亲说："做个会飞的大雁多好啊！那样就不用放羊了，可以飞到自己想去的地方。"

牧羊人沉默了一下，对两个儿子说："只要你们想，你们也能飞起来。"两个儿子试了试，并没有飞起来。他们用怀疑的眼神看着父亲。

牧羊人说，让我飞给你们看，于是他飞了两下，但也没飞起来。牧羊人肯定地说，我是因为年纪大了才飞不起来，你们还小，只要不断努力，就一定能飞起来，去想去的地方。

儿子们牢牢记住了父亲的话，并一直不断地努力，他们长大以后果然飞起来了，他们发明了飞机，他们就是美国的莱特兄弟。

哲人说过，“梦想指引我们飞升”。莱特兄弟的成功靠的并不是一个梦想，而是在拥有梦想之后，为之坚持不懈地努力。他们几十年如一日，调动自己最大的激情和潜能，从自行车修理专卖店开始，一步步积累资金，并不断学习和研究前沿的机械制造技术，在一次又一次的试飞后，终于实现了他们飞翔的梦想。

我们每个人都要记住，一辈子很短，我们都应该为梦想拼搏一次。也许你会说，我们现在每天的学习和生活十分安逸，还需要什么梦想？但请记住，能用自己的力量去创造自己美好人生的人，一定拥有超大的梦想和超过自身能力的愿望。

安逸也许会对人产生强烈的吸引力，然而，安逸的日子过久了，你会发现自己斗志全无，甚至对于人生都失去战斗力。不得不说，这正是安逸的生活导致的。然而，想要舍弃安逸，却并没有那么容易，因为人的本能就是趋利避害，没有人愿意这样辛苦地去奔波。所以安逸就像是一个陷阱，往往让人沉下去，无法逃出险境看到更加广阔的人生天地。

实际上，每个人对于成功的人生都有自己的定义，所以成功的标准是因人而异，不可套用的。但是有一个成功的标准却是通用的，那就是要过上自己想要的人生。为了自己梦想中的生活，我们才能做到无怨无悔、努力奋斗；为了活出独属于自己的精彩，我们才能战胜一切坎坷磨难，有的放矢地面对人生。

为此，我们需要记住以下几点。

1.打破现有的安逸假象

一个人不愿改变自己，往往是舍不得放弃目前的安逸状况。当你发觉不改变是不行的时候，其实已经失去很多宝贵的机会。

因此，即使你现在每天衣来伸手饭来张口，但你必须明白，未来社会，你必须一个人生存、参与社会竞争；你必须有随时改变自己、更新自己的意识。

2.勤于学习，提升自己

我们在日常的生活和工作中，常常用视野比喻人的眼界开阔程度、眼光敏锐程度、观察与思考的深刻程度等。可以说，视野是不是开阔，是衡量人的综合素质高低的重要标尺。而视野开阔与否，取决于对知识掌握的多少，取决于思想理论水平的高低。常言道，学然后知不足。勤于学习的人，越学越能发现自己的不足，于是想方设法充实自己、提高自己，学到更多的东西，视野就会随之越来越开阔，就会跟上前进的步伐。

3.相信自己能做到

任何人想要解决问题，都必须在思想中超越问题。这样，问题就不会显得如此令人畏惧。而且他会产生更大的信心，深信自己有能力去解决它。

在你进行尝试时，你难免会产生一种“不可能”的念头。例如，认为自己不能解决某道被人认为很有难度的数学题，但对此，你必须从心理上超越它，只有这样，你才能站在高高的位置上，低头俯视你的问题。

任何成功都源于改变自己，你只有不断地剥落自己身上守旧的缺点，才能做到敢为人先，才能抓住第一个机会，才能实现自己的进步、完善、成长和成熟。

总之，我们需要记住，如果你现在不能当机立断舍弃安逸，你就要因此而放弃更加精彩的未来。当然，如果你的人生目标就是岁月静好、浅笑安然，那么你可以继续安逸下去，因为你的人生理想与奋斗无关。在如今这个竞争激烈的时代中，其实每个人都要承受巨大的生存压力，所谓的安逸舒适只是相对而言。如果命运注定我们要拼尽全力去奋斗，那么与其延迟，不如抢先，这样至少占据了先机，也可以让自己有更大的主动权。当看到别人取得轰轰烈烈的成功时，不要忘记，每个人的成功都是全力以赴才得到的！

你不吃点苦，怎能指望攀登人生巅峰

在日常生活中，我们经常听到长辈们说："吃得苦中苦，方为人上人。"的确，任何梦想的实现，都必须吃苦，能吃苦的人，才能够得到他想要的东西。吃苦即是成功之路，只有能吃苦才能转败为胜。

当然，你现在吃的苦，对于你的未来是一笔财富。在追求梦想的过程中，苦难是不可避免的，有可能是降职，有可能是被炒鱿鱼，有可能是工作不顺利……面对这些苦，每个人都有自己的选择，有的人选择抱怨，有的人选择自暴自弃，有的人选择隐忍、奋进。对于年轻人来说，尤其需要做好吃苦的准备，只有吃得苦中苦，方能为人上人。

其实，在很多时候，我们都忽视了吃苦本身的意义。从古至今，那些大凡取得成就的人，他们无一不承认苦难是自己成功的基石。虽然，苦难让我们变得脆弱，但与此同时，却让我们变得聪慧。

石油大王洛克菲勒就是这样一个注重吃苦且想吃苦的人。在洛克菲勒给他的儿子约翰的信中，洛克菲勒这样阐述自己的观点："实行能力从哪里来呢？在我看来它就潜藏在吃苦之中。我的经验告诉我，吃点苦、经历一些艰辛和失败，不仅会铸就我们坚强的性格，而且我们赖以成就大事的实行能力亦将应运而生。经历过苦难的人，有努力改变现状的决心，知道如何在困境中寻找解决的方法，让自己处心积虑地去吃苦，是我笃信的成功信条之一。

"也许你会讥讽我，认为没有比想吃苦再傻的了。不！没有不幸体验的人，反而不幸。很多事情都是来得快去得也快，那些实现了一夜成名、一夜暴富梦想的人，有谁不是很快就销声匿迹？人要有远见，只有长时间的吃苦，才有长时间的收获。"

从洛克菲勒的话中，我们不难看出，他就是个有远见的人，他能看到吃苦带来的意义。的确，一个人，如果贪图安乐和享受，那么，他最终就会失去实际行动能力。我们知道，历史上有名的“扶不起的阿斗”，其实，他的昏庸无能很大一部分就是因为缺乏锻炼的机会，闹下了“乐不思蜀”的笑柄。

当然，没有人真的希望自己吃苦，但“吃苦所得到的，是将你的事业大厦建立在坚实的地面上，而不是流沙里”。也就是说，一个人只有经历吃苦，具备了实际的行动能力，才能真正经受住追求目标路上出现的艰难困苦，才能真正获得成功。生活中的人们，也许你毕业于名牌大学，或许你含着金钥匙出生，但如果你想最终做出一番成就，你就必须抛却那些光环，并将所学知识运用到实践中。

大学毕业后，娜娜虽然想找一份行政工作，但是却一直没有找到合适的。后来，听说一家房地产经纪公司正在招聘销售员，她就投递了简历。也许是因为这个行业的入门门槛很低吧，娜娜当时就收到公司行政部门通知，要求她次日去公司总部参加为期一周的培训，然后再下来门店工作。

娜娜对于自己这么快被聘用感到非常惊讶，但是因为她一时之间也没有更好的选择，于是次日就乖乖背着包去参加培训了。

在培训的过程中，娜娜接触到很多新鲜的名词，到了培训即将结束的时候，她听到一句特别震撼人心的话。培训专员说："我们这个行业入门门槛相对比较低，只需要专科及以上学历，语言表达能力没问题，就有机会进入公司挑战自己。这是因为在所有的行业里，销售行业都是最辛苦的，所以真正考验你们的时刻不是现在，而是在你们进入门店正式实习之后。对于大量的新人而言，门店里为期三个月的实习期，才是最大的挑战，也是最艰难的考验。这个行业要求从业者必须非常勤奋和努力，不一定要很聪明机智，也不需要具有什么特殊的技能，只要努力，就可以生存下来。否则，如果连努力这一关都过不了，也就无所谓发展和成就。"

娜娜做好心理准备来到门店，果然第一天在附近的社区跑盘的时候，她就觉得自己的胳膊腿都快断掉了。她走了整整一天的路，一边走还要一边拿着笔记本和笔画地图，再把各个小区的方位牢牢地记在心里。

回到家里，娜娜脱掉鞋子，发现脚掌上起了好几个水泡。她情不自禁想要打退堂鼓，但就在这个时候她想起了培训专员说的话："如果连努力这一关都过不了，也就无所谓发展和成就。"想到这里，娜娜又很不甘心，她可不想还没有开始就结束，她要证明自己是足够努力的。

接下来的日子里，娜娜还听到行业前辈的雷人话语："干这行，三个月就要跑坏一双鞋，这只是普通努力的人。真正努力的人，一个月就能跑坏一双鞋。"渐渐地，娜娜也知道销售行业的薪水很高，但不是底薪，而是提成，这也就意味着每个人要想从公司里赚到钱，就要首先凭着个人努力为公司创造利润。一开始对销售行业还很排斥和抵触的娜娜，在跑坏了好几双鞋子，脚上的水泡长了就挑破，挑破了接着长的反复过程中，变得越来越能吃苦、越来越强大。最终，娜娜成为公司里销售业绩最突出的新人，就连上司都对她竖起大拇指，说她一定前途不可限量。

上例中，一开始，娜娜认为自己只适合稳定且轻松的工作，这类工作没什么压力，但是在从事销售工作后，她才认识到自己原来也可以吃苦，也可以变优秀。可以说，是销售行业的历练改变了娜娜，也让娜娜对于自己的人生充满信心、力量，甚至觉得自己就是人生的主宰，就是命运的掌舵者。

然而，我们发现，现实生活中，一些人不愿吃苦，这和他们的生活环境与家庭教育有关系。因此，从我们自己的角度看，要想从吃苦耐劳的过程中有所收获，就应该将吃苦融入日常生活中，无论在生活上工作上还是学习上，多吃点苦，凡事靠自己，会对你有所帮助的。

“艰难困苦，玉汝于成。”一个人要成才，不回避“艰难困苦”，方能“玉汝于成”。所以，任何人，都要学会在日常生活中培养自己吃苦的品质，在必要的“穷”和“苦”中得到锤炼，懂得以艰苦奋斗为荣，以骄奢淫逸为耻，方能体会到靠自己的努力争取得来的快乐，也才懂得珍惜。

你不逼自己一把，就不知道自己有多优秀

生活中，我们每个人都有潜能。那些获得成功、实现人生梦想的人，也是因为将他们的潜能发挥出来而已。一个人的成长，必须通过磨炼，才能活出自己。然而，在安逸的环境下，人的潜能是隐藏的。我们只有逼自己一把，才能突破自己，挖出自身隐藏的潜能。

有句话说得好，“不逼自己一把，你永远不知道自己有多优秀”。是的，有时候我们就是对自己太过纵容，反而无法发挥出自己的潜能，从而在很多难题的处理上就看不到自己优秀的处理能力。

不得不说，对于很多人而言，对于人生的现状，是不满意的，他们觉得自己既没有天赋，也没有好运气，总是这样被命运遗忘在角落里，过着不好也不坏的人生。实际上，对于绝大多数人而言，他们在人生之中的拼搏还远远没有上升到拼天赋，或者是智商、情商的高级层面，而只是在努力这个看似低级的层面上，就因为不能吃苦而缴械投降、丢盔弃甲、落荒而逃了。

所以说，不要老是为自己的不努力找借口，在困难面前也不要为自己的怯懦找退路。做一个强者就要敢于突破自己，对自己狠一点，这样你才能更加优秀。

遗憾的是，现实生活中，尽管人人都知道努力的重要性，

也知道必须非常努力才能激发自身的潜能，让自己获得更加长足的进步和发展，但是真正能够做到努力的人却少之又少。努力是通往成功的第一个阶梯，如果我们连努力都做不到，又如何需要动用天赋呢？为此，一个不曾努力的人根本不知道自己有多么优秀，也根本没有资格去说起天赋等更加重要的成功因素。

曾经，有一位年轻人，出生在贫寒的家庭中，为了谋生，他在十几岁时就不得不出去推销保险。

工作的第一天，他一个人出去跑客户，当走到一座大楼面前时，他看着高耸入云的大楼和熙熙攘攘的人群，内心十分害怕和紧张，但此时，他想起了自己的座右铭："如果你做了，没有损失，还可能有大收获，那就下手去做。马上就做！全力以赴！"

他深呼吸了一口气，走进大楼。

这座大楼里有很多办公室，每当他准备敲开一间办公室的门的时候，他都用自己的座右铭来激励自己，为自己加油打气。不管自己多么紧张，他都逼迫自己要坦然去面对，因为他要生活，他知道自己没有退路。

第一天，他卖出两份保险。虽然不算太成功，但在了解自己的性格和工作方式方面，他却收获颇丰。

第二天，他卖出4份，第三天增加到6份……从此之后，他终于找到了自己的方法，他在一步步走向成功！在他看来，一个人只要逼自己一把，不要逃避，那么再大的难关也会渡过，马上行动，全力以赴，你就能成功！

这个年轻人就是美国著名的推销大师克里蒙。

朋友们，我们不要无视自己的能力，其实我们每个人都是很棒的，只不过有的人付出了行动来证明自己，而有的人在困难面前不知所措罢了。古时候作战，经常用的一个计策是“置之死地而后生”，就是将士兵引入没有退路的绝境，促使他们竭尽全力、勇往直前，直至打败敌军赢得胜利。这就是为了不给自己找退路，要想活着，就必须豁出一切逼迫自己向前冲。破釜沉舟的故事说的也是这一点。

为此，要想在人生之中有更好的成长，我们一定要首先对自己狠一点。只有在努力奋斗的过程中为自己奠定一定的人生基础，让自己脱离低级的拼搏，我们才能到达需要拼天赋、智商、情商的高级拼搏阶段。否则，努力还远远不够呢，有什么资格抱怨自己的天赋不高，智商和情商都有所欠缺呢？

鲁迅先生曾经说过，这个世界上哪里有天才，我只是把别人喝咖啡的时间用来工作而已。的确如此，当别人都在勤奋刻苦的时候，你却在娱乐和休闲，你是没有资格抱怨自己不如别人的。也许有些朋友会说，生活如此忙碌，我根本没有时间更多地努力。鲁迅先生还曾经说过，时间就像是海绵里的水，挤一挤总还是有的。如果我们总是因为时间的流淌而放弃各种努力的机会，那么可想而知在这个纷繁复杂的世界里，我们几乎没有任何成功的可能性。要想获得成功的人生，要想让自己的一生出类拔萃、卓尔不群，我们从现在开始就要非常努力，哪怕遭遇坎坷挫折也不放弃，这样的人生才是值得期待的，也才是能让我们更加绽放自身光彩的。

一个人如果始终处于安逸的环境中，就会按部就班地生活和工作，而从来不会把自己逼到绝路，更不会让自己在成长的道路上不断地进步。有的时候，人生是需要绝境的，我们或者被动地接受绝境，或者主动地创造绝境，目的都只有一个，那就是知道自己到底有多么强大。正如心理学家研究得出的结论一样，每个人的身体里都蕴含着巨大的潜能，即使是像爱迪生、爱因斯坦那样伟大的科学家，也只使用了自身能力的十分之一。如何激发潜能，如何逼着自己变得更加强大和努力，这是每个人都需要面对和做到的一点。为此，不要抱怨，而是要继续在人生的道路上努力前行，当你足够强大，世界都会向你臣服。

总之，逼自己一把，你就能看出自己有多优秀；逼自己一把，你才能不会总给自己找退路。朋友们，如果遇到困难，我们不要总想着逃避，说不定向前走一步就能找到解决问题的方法。不要太宠着自己，这样你会把自己惯坏的。多一点磨炼，才能多一点成长；多一点努力，才能多一点成就。

做擅长的事，走熟悉的路

我们都知道，不是所有人都能事业成功、获得财富，那些取得成功的人，他们必定有着一些常人没有的杀手锏。当然，就外在实力而言，资金雄厚、人脉广博、技术先进更容易获得成功。而从内在因素考虑，那些乐观、勤奋、思维灵活、诚实、讲信用的人更容易获得成功。

如果你也拥有上述内在品质和能力，那么，你一定会获得成功，即使你只有其中一部分，那么，你也比他人更容易获得机遇的垂青。又有人会问，如果我什么都不具备呢？其实，成功是没有固定模式的，只要你能走一条与众不同的道路，机会总是有的。聪明人的做法是做自己最擅长的事，走自己熟悉的道路，一步一步实现积累和蜕变。这一做法不管在哪一个领域都有着非常现实的意义。每个人都有自己的闪光点，这也就是我们所谓的长处，是自己的优势所在，如果我们将它进行深度挖掘、投资，就会惊喜地发现，你的行动总会取得事半功倍的效果。

在竞争的路上，那些具有灵性、聪明的人都知道寻找最合适的方法。做擅长的事，走熟悉的道路，这就是通向成功的捷径。走捷径会使你摆脱很多不必要的干扰，走捷径会使你觉得成功近在咫尺。相反，有时候，离开自己熟悉的地方，放弃自己最擅长的事，看似在突破，但在激烈的竞争中，往往就会败下阵来，拿自己的劣势跟别人的优势相抗衡，无异于以卵击石结果往往很惨重。

美国微软公司总裁比尔·盖茨有一句口头禅：“做自己最擅长的事。”这句话被众多的企业家所认同。如果你留心那些成功人士，就会发现他们有一个共同特征：不论智商高低，也不论他们从事哪一种行业、担任何种职务，他们都在做自己最擅长的事。

森林里，“动物学校”开学了，开学典礼那天，来了许多动物，有小鸡、小鸭、小鸟，还有小兔、小山羊、小松鼠。学校为它们开设了5门课程，分别是唱歌、跳舞、跑步、爬山和游泳。

第一天，老师决定上跑步课，课上，小兔子跑了出来，兴奋地在体育场跑满了一个来回，它十分自豪，因为在所有同学中，只有它最擅长跑步，所以其他的小动物都噘着嘴，有的耷拉着脑袋……放学后，小兔子蹦蹦跳跳地跑回家，向妈妈叙说自己在学校的情况，告诉妈妈说自己太喜欢上学了。

第二天一大早，小兔子开心地来到学校，但没想到老师今天安排的是游泳课，这下子小兔子蔫儿了，而小鸭子则兴奋得一下跳进了水里。

接下来，第三天是唱歌课，第四天是爬山课……学校里每一天的课程，小动物们总是有擅长的与不擅长的。

这则寓言看似很普通、简单，但却蕴含了一个深刻的哲理：要成功，小兔子就应跑步，小鸭子就该游泳，小松鼠就得爬树。

它的潜在寓意就是说，做自己最擅长的事情，最容易有所发展。

盖洛普名誉董事长唐纳德·克利夫顿曾说过：“在成功心理学看来，判断一个人是不是成功，最主要的是看他是否最大限度地发挥了自己的优势。”可往往有些人不在意这些事，觉得天底下没有自己干不了的事，没有自己做不成的行业，盲目地“挑战极限”，结果也不言而喻。

松下幸之助曾说，人生成功的诀窍在于经营自己的个性长处，经营长处能使自己的人生增值，否则，必将使自己的人生贬值。他还说，一个卖牛奶卖得非常火爆的人就是成功，你没有资格看不起他，除非你能证明你卖得比他更好。一般来说，很多成就卓著的人士的成功，首先得益于他们充分了解自己的长处，根据自己的特长来进行定位或重新定位。

荷马史诗《奥德赛》中有一句至理名言：“没有比漫无目的地徘徊更令人无法忍受的了。”没有方向的迷茫会造成内心的恐慌，在徘徊中挣扎，最终拥有的不过是一个平庸的人生。因为无头苍蝇找不到方向，才会处处碰壁；一个人找不到出路，才会迷茫、恐惧。所以，找到前进的方向比努力自身更重要。

尺有所短，寸有所长。人也是这样，你这方面弱一些，在其他方面可能就强一些，这本是情理之中的事情，找到自己的优势和承认自己的不足一样，都是一种智慧。其实每个人都有自己的可取之处。例如你也许不如同事长得漂亮，但你却有一双灵巧的手，能做出各种可爱的小工艺品；你现在的工资可能没有大学同学的高，不过你的发展前途比他的大，等等。

一个人无论具备多么好的天赋，多么高的智商，都不可能将所有能力收于囊中，难免存在优势与劣势。就才能而言，有人敏于感知，有人善于记忆，有人强于创造，有人思维活跃，有人逻辑缜密，有人判断客观，有人处事巧妙……既然人各有所长，也各有所短，那就应该处理好“长与短”的关系。大凡聪明的人，都会懂得“善用其长，不显其短”的道理。一般来说，善取长弃短者，都能将自己的优势最大化，反之舍长就短者，便难以称为智者。

能力是成功的资本，但对很多人来说，发现自己的能力即擅长做什么，是一件比较困难的事情。因为他们宁可相信别人，也不相信自己。其实，任何人都不必看轻自己，要相信自己是独一无二的。社会上大多数人，只会羡慕别人，或者模仿别人，很少有人去认清自己的专长、了解自己的潜能，锁定目标、全力以赴，因而不能够成大事。这种人只能怪罪自己。擅长来源于兴趣，如果没有兴趣，就不可能产生一种欲望对某个领域进行接触和深入的了解，当然也就不可能有这方面特长和经验的培养与积累。

总之，我们每个人都要善于发掘自己的长处，做自己擅长的事，其实这就是属于你自己的一笔宝贵的财富，将优势发挥到最大化，不断给大脑充电，不断给予优势一定的营养，你会发现你正在将自己的财富升值。

第3章

牢记你的梦想，有梦想就有前行的希望

生活中，我们每个人心中都会有一个属于自己的梦想，但紧张的工作、学习、生活，可能会让你搁浅心中的梦想。但你发现没，正是因为失去梦想，你才会显得无力、没有热情。人的潜能有一个伟大的动力，才会被最大限度地激发出来。因此，牢记你的梦想，有梦想就有前行的希望，为梦想奋斗吧，你的人生才会别样的精彩。

坚持你的梦想，它是你的信仰

生活中，我们常常提到“梦想”一词，然而，梦想是什么？这一问题对于每个人来说答案都不同，但总的来说，我们可以说，梦想就是对未来的一种期望，是指现在想未来的事或者未来可以达到但必须努力才能达到的情况，梦想就是一种让你感到“坚持就是幸福”的东西，甚至可以说是一种信仰。就现实来说，我们的梦想可大可小，但梦想是我们的信仰，我们失去什么，也不能失去信仰。

的确，有梦想和没有梦想的人，他们的精神状态是不同的。走在马路上，你总是能够一眼就看出哪些是心怀梦想的人，哪些是目标涣散的人，因为真正有梦想的人总是自带气场，远在百米之外你就能感受到他们火热的内心。而这一切也正是因为，梦想实现的过程从没有想象中那么简单，总是需要我们坚定意志、不断努力、奋勇向前。

每个人从呱呱坠地开始，就行走在人生之路上。我们平凡、普通，但如果我们有梦想，我们的生命就会熠熠生辉。正如美国前总统威尔逊曾说过的：我们因梦想而伟大，所有的成功者都是大梦想家：在冬夜的火堆旁，在阴天的雨雾中，梦想着未来。有些人让梦想悄然绝灭，有些人则细心培育、维护，直到它安然渡过困境，迎来光明和希望，而光明和希望总是降临在那些真心相信梦想一定会成真的人身上。

现如今，我们提到“马云”这个名字，相信已是无人不晓，他的成功给无数正在创业路上奋斗的人以正能量。作为全球最大的草根创业者平台的创始人，马云可以说是一个时代的经济领军人物之一。

然而，青年时代的马云，境遇何曾悲惨。刚刚毕业的时候，马云求职总是被拒绝，其中有两次都是因为外貌被拒绝的。的确，马云在长相上没有丝毫优势，即使是酒店服务员的工作，也将他拒之门外。最终，马云不得不骑着三轮车送货。马云刚开始创业的时候，和朋友合办了一家翻译社。然而，开张第一个月就生意冷清，入不敷出。为了支撑下去，马云不得不开启兼职模式，当起了批发零杂百货的小贩子。后来，马云还上门推销货物，经常吃“闭门羹”。幸好，马云有强大的内心，从未被这一切摧毁。也幸好，马云还年轻，完全有机会重新开始。

马云创业最艰难的时候，就是在做“中国黄页”的时候。那个时候，国内还没有互联网，对于马云所说的内容，大家都很陌生且并不接纳，仅仅因为马云的几句话，大家是不可能为之付费的马云的团队不但要证明企业的资料确实已经传到网络上，为世界所熟知，还得先证明世界上有种东西叫作互联网。

为此，对技术一窍不通的马云只能一遍又一遍地说，逢人就说。直到1995年上海开通互联网，马云终于松了口气，最起码可以让企业客户看到网上的资料和照片了。当时，很多人都因为不了解互联网，说马云是“骗子”。可想而知，马云承受了多么大的压力，创业的路上又有多少阻力。

在决定回到杭州再次创业之前，阿里巴巴团队曾在北京为政府项目工作了一年多。眼看着就要离开北京，马云带着团队一起去了长城。晚上聚餐，整个团队的人都大吃大喝，不停地唱歌。他们，都不想面对别离。那天晚上，《真心英雄》是他们的主题曲。当时，30岁的马云第四次创业失败。

即使遇到重重艰难，马云依然创办了阿里巴巴。现在我们看阿里巴巴光鲜亮丽，但却不知道在最开始的时候马云只有200块钱。就这样，马云走到了今天。今天的阿里巴巴当然不可与当年同日而语，今天的马云也已不再年轻。然而，马云的青春时代过得轰轰烈烈，无怨无悔。

每个人，都应该有一个值得自己怀念和致敬的青春。虽然我们不是马云，但是我们都有自己的梦想，都应该无怨无悔地为梦想燃烧青春。所以，即使你们身无分文，即使你们无立锥之地，也不要气馁。因为，人生意味着无限的可能性，即使犯错也有机会重头开始。

有人说，梦想的实现就如同爬山，只要你一步又一步坚持不懈地往上攀登，终有一天，你一定能够到达山顶。爬山如此，人生何尝不是如此呢？不管是面对生活中的重重困难，还是面对工作中的艰难阻碍，只要你能够坚持不懈地勇往直前，最终一定能够百折不挠，获得梦寐以求的成功。相反，假如你一遇到阻力或者困难就轻易放弃，那么你将永远与成功绝缘。无数成功人士的经验告诉我们，任何成功，都离不开对目标的坚持和持之以恒。

确实，我们都曾有过梦想，也都曾有过热血澎湃的时刻，然而我们中的大多数终归会为自己的生活所累，不得不为了家人、为了现实放弃一小部分的自我。但是，你要知道，真正拥有梦想的人从不会因为任何的现实原因就选择彻底放弃。即便在那个当下，我们的梦想会有模糊的时候，但也没有就此消失，而是深藏在我们的内心，潜伏在我们的心底。只待一点阳光的出现和雨水的滋润，便迫不及待地萌芽滋长，钻出地面，占领我们的人生。直到梦想成为事实，我们的心境才会得到持久的宁静，不再躁动不安。

生活中的人们，请你记住：梦想是一个人的信仰，是一个人的精神支柱，只有坚持自我的梦想，在人生的道路上坚持己见，用勇气和行动去捍卫内心的追求，梦想于我们个人而言就不会是虚无缥缈般的存在，就不会是白日梦般的不可实现。当我们在忙碌的世界中疲于应对的时候，当我们在苦难面前充满怨愤的时候，请不要忘记梦想的存在，也请不要放弃对梦想的坚持。追逐梦想的过程或许很艰辛，但是只有选择坚定不移地相守，才有可能换来明媚的明天和期待已久的生命的发光发光时刻，不是吗？

有信念，才能更好地成长和前行

我们都知道，实现梦想的过程是艰辛的。如果我们缺乏必胜的信念，便很难走过这漫漫长路；如果没有信念在人生中坐镇，对于很多事情我们都会轻易放弃。正是因为有了信念的支撑，我们的人生才会傲然屹立，我们的生命才能创造奇迹。其实，不论是实现梦想还是面对生活和工作，我们都要有信念，才能让自己更好地面对人生，也才能更加从容地面对未来。

这就是信念的力量。信念是人生的领航灯，也是人心底里始终在燃烧的光。要想在人生中更好地成长和前行，我们就一定要有信念，也要时刻不忘信念。

一队人马在没有人烟的沙漠中艰难地跋涉，他们已经在沙漠里走了很久很久。太阳不客气地释放着光和热，他们随身带的水已经不多了，随时都会有生命的危险。走过了长长的一段路，最后，大家都走不动了。这时，领队的老人从自己背上解下一只水桶，对大家说：“现在只剩下一桶水了，我们要等到最后一刻再喝，不然大家都会没命的。”

于是，他们继续无比艰难的旅程，而那桶水成为他们心中唯一的希望，望着那沉甸甸的水桶，每个身心疲惫的人心中都有了对生命的一种信念：一定要坚持到旅程的最后一刻。但是，天气太炎热了，一个小伙子实在撑不下去了，他向老人乞求：“老伯，让我喝口水吧。”老人生气地回答：“不行，这水要等到最艰难的时候才能喝，你现在还可以坚持一会儿。”就这样，老人坚决地回绝了每一个想喝水的人。

眼看到了黄昏，大家发现领队的老人不见了，只有那个水桶孤零零地躺在前面的沙漠中，沙地上写着一行字：“我不行了，你们带上这桶水走吧，要记住，在走出沙漠之前，谁也不能喝这桶水，这是我最后的命令。”每个人都抑制着内心那份悲痛，继续向前出发了，而那只沉甸甸的水桶在每个人手里依次传递着，谁也舍不得喝上一口，因为他们清楚这是老人用自己的生命换来的。终于，他们走出了沙漠，喜极而泣之余，他们想到老人留下的那桶水，然而，打开桶盖，却从里面流出了沙子。

居里夫人说：“生活对我们任何人都非易事，我们必须有坚忍不拔的精神，最要紧的，还是我们自己要有信念，我们必须相信，我们对每一件事情都有天赋的才能，而且，付出任何代价，都要把这件事情完成，当事情结束的时候，你就能问心无愧地说：‘我已经尽我所能了。’”

人在有信念的情况下，奔赴成功才会更加有动力。心理学上把人的力量分为两种：一种是内部驱动力，一种是外部驱动力。内部驱动力来自人的内心，给人持久的力量，而外部驱动力来自人的外部，给人的作用力往往是短暂的。要想获得更加长久和源源不断的力量，我们就要更加多地拥有内部驱动力，而信念正是内部驱动力的主要来源。正如人们常说的，人生不如意十之八九，每个人在人生之中都必然要经历各种坎坷挫折和磨难，只有在信念的支撑下，才能激励自己继续努力，渡过更多的难关，最终到达柳暗花明的境遇。

1870年，标准石油公司成立，洛克菲勒任总裁，该公司资产100万美元。洛克菲勒放言：“总有一天，所有的炼油和制桶业务都要归标准石油公司。”公司主要负责人不领工资，只从股票升值和红利部分中提成。“不领工资只分红”这个制度创新一直影响到现在的美国企业。洛克菲勒坚信“越是认为自己行，你就会变得越高明，积极的心态会创造成功。我不知道是不是勇气。一个人往往进入只有一件事可做的局面，并无可供选择的余地。他想逃，可是无路可逃。因此他只有顺着眼前唯一的道路朝前走，而人们称它为勇气”，以及“与其生活在既不胜利也不失败的黯淡阴郁的心情里，成为既不知欢乐也不知悲伤的懦夫的同类者，倒不如不惜失败，大胆地向目标挑战！”

在他给儿子的信件中，他也提到一件事，他与摩根先生商讨是否卖掉联合矿业公司，为促使双方达成协议，亨利·弗里克先生出面调解，而洛克菲勒对此的回答是：“正像我的儿子告诉摩根先生的那样，我并不急于卖掉联合矿业公司。但又像你所猜测的一样，我从来不阻止建立任何有价值的企业。但是，我坚决反对买主居高临下，定下企图将我们排斥在外的价格，我宁可血战到底也不会做这样的生意。”

的确，洛克菲勒就是这样的人，他是自信满满的，是有实力的，是不受人挟制的。这也是一种信念。

当然，任何信念，如果单纯停留在不鲜明的想象上，是没有任何意义的，应该把这种抽象的意向浓缩为现实的行动。如若不进行深思，不认真开展活动，那么创造性的工作及其成功的人生也是没有把握的。

任何人都不可能获得一蹴而就的成功，在觉得人生艰难的时候，不要抱怨、不要沮丧，而是要持续地努力进取，这样才能通过不断的尝试找到最适合自己的人生道路。人生，是急不得的，正如人们常说的，心急吃不了热豆腐，只有耐心下来，勇敢无畏地面对人生，细致用心地经营人生，我们才能获得人生的丰厚馈赠。

今天你付出的努力，终会有所回报

在成长的道路上，每个人都渴望实现梦想，拥有更加光彩夺目的人生舞台，但是实际上，能否实现梦想，并非取决于每个人生而就有的运气，而是取决于努力的程度。一个人如果不努力，就会成为井底之蛙，始终留在井底看着井口上方的一片天，就会变得鼠目寸光。而一个人如果努力，就能够从井底跳脱出来，从而看到更为广阔的人生天地。有的时候，还可以站在更高的地方，看得更远，人生也会随之进入更高的境界。所以，我们每个人都要记住，今天你付出的努力，终会有所回报，只要你足够努力，坚持不懈，你就可以让人生天高地阔、前景光明。

如果你关注诗词，相信你一定看过这一档综艺节目——《中国诗词大会》，也就知道雷海为这个名字，他是《中国诗词大会》第三季的冠军。同我们所理解的冠军不一样的是，雷海为并非少年天才，也不是家境优渥，整天只要吟诗作赋就能饱腹的诗酒文人，他只是一名普通的外卖小哥，但是毫不夸张地说，他的确真实地活在自己喜爱的诗词当中。

十几年前，由于没有多余的钱买书，为了能够读到喜爱的诗词，雷海为总是会去书店里看上足够久，久到能够将这些诗词背下来。

然后，雷海为回到家会将这些诗词再默写出来，做成自己的诗词集，供自己以后细细品味。

后来，雷海为成为一名外卖小哥，每天风里来雨里去，和千千万万个外卖小哥一样，平日里穿梭在楼宇巷陌之间，马不停蹄地配送着大量的外卖订单。

然而，让雷海为显得有些与众不同的是，即便是在争分夺秒的送餐之路上，雷海为也总是会抽出时间来读一读自己喜爱的诗词。

送外卖的日子注定是辛苦异常的，“天气越恶劣，点餐的人会越多，我们的生意也就会越好。”雷海为这么总结道。

确实，这也是雷海为能够赚到更多报酬所甘愿付出的劳动。但是，即便是整天地风吹雨打，雷海为内心深处涌动的诗意却丝毫没有被动摇。诗词对于他来说，也许就是这灰暗人生中突然射进来的那一束微光，一直指引着他不断前进。

于是，凭借着对诗词如此的热爱与执着，雷海为终于站在了《中国诗词大会》第三季的舞台上，面向摄像机，对着全国人民一展自己多年的学习成果。其中第四场比赛时，雷海为以总分93分的成绩惜败小选手骆子愚，但是面对失意，他却豁达地表示：“没有遗憾，因为我最终的八道题目全部都答对了。”他的这番豁达和努力感动了大家，所有人都为他情不自禁地鼓掌，久久不能平息。

听了雷海为的故事，我们难免羡慕，但也惊讶于他的努力。的确，很多时候，我们羡慕别人在工作中的光鲜亮丽和不期而至的成功，却不知道每一场成功都是有谋划的，都是别人苦心经营才能得到的。因此我们不但要看到成功的人前风光，更要看到成功的背后付出和努力，这样才能全力以赴地奔向成功，也才能坚持不懈地为了成功而持续努力。

然而，我们发现，不少人，尤其是年轻人，他们在谈到理想时不免有些心浮气躁、眼高手低，尤其是在职场上，很多人都会犯鼠目寸光的错误，总是过多地关注薪水，关心升职。殊不知，一份工作如果不潜心下来工作至少五六年的时间，根本不可能有更好的成长和发展。只有静下心来工作，我们才能得到工作投桃报李的回报。

可以说，任何目标的实现都是努力和学习的结果，你今天付出的，也总有一天会有所回报，或早或晚。正如董卿在舞台上对雷海为说的一样："你在读书上面花费的任何时间，日后都会在某一个时刻给你回报。"确实，读进去的任何一本书，吸收到的任何一个知识，其实都已经成为我们内心的储备。或许在这个当下，这样的知识点并没有特别凸显的作用，但是在没有真正爆发以前，你永远都不会明白自己的潜力到底能够有多大。就像是《异类》一书中提到过的著名的一万个小时的定律：人们眼中的天才之所以能够卓越非凡，并不是因为他们天生天资超人一等，而是他们专注地在同一件事情上持续地付出了超过一万个小时的努力，通过这一万个小时的锤炼，他们成功地从一个平凡的人变成一个超人。

由此，我们也可以得出这样的结论：这一万个小时的锤炼是任何人在任何事情上由平凡变成超人的必要条件，想要获得成功，就必须专注持续地付出足够多的努力。因为你所付出的任何努力，最终都不会白白浪费。

著名的杂交水稻之父袁隆平有一句名言："人就像一粒种子，健康的种子，身体、精神、情感都要健康。我愿做一粒健康的种子！"金子有再多的光芒，价值终究有限，而健康的种子则代表无限发展的可能。这个世界上不可能到处是金子，然而每个人都能通过自身的努力当好一粒能够生根发芽，能够为这个世界增添价值的种子。

金子的高明在于它的天赋，种子的高明在于它的潜力。金子之所以有价值，之所以昂贵，完全是它的自身条件决定的。金子承担的是交换价值的角色，它本身没有任何价值，因为它储量少、体积小、密度高、难分割，所以才能够担当交换价值这一角色。这就像某些天才，因为天生拥有异于常人的禀赋，如对数字或者语言，或者其他方面有非常高的敏感度，最终成为天才。可是这个世界上天才毕竟是少数，即使天才也需要勤奋努力，才能取得成就。

记住，你的每一份付出都将会得到回报，任何时候，只要用心地成长、认真地学习，从容地生活和工作，你就一定会获得更加开阔的人生天地。

有梦想，就要坚持

现实生活中，我们总是羡慕那些成功人士，羡慕他们身上的光环，甚至非常崇拜他们，还有些人不顾一切地模仿他们。然而，每个人的成功方式都不尽相同，就好比这个世界上绝没有两个完全相同的人一样。不过，我们依然可以追寻这些成功者的脚步，发现一些共同的特征。细心的朋友会发现，大凡成功之人，不管有着怎样的过人之处，他们最显著的特点就是，他们都很努力，而且是持之以恒、坚持不懈地努力。因为他们深知，无论自己的梦想是什么，唯有坚持下去，付出努力，才能够超越平凡，成就不凡。

的确，这些成功者从小就树立了远大的理想，努力实践，不屈不挠地去实现它；而有的人却“常立志”，一会儿有这样的理想，一会儿却又换成另一个目标，不努力实践，不去实现，那他终究一事无成。对于“立长志”还是“常立志”，诸葛亮主张“志需坚毅”，即立下的志向需要坚持，而不是经常改变。同时，他把能否持之以恒看作有无成的重要表现。

对自己立下的志向，曾国藩很执着，在他看来，一旦立志之后，就不能朝三暮四，也不能像墙头的芦苇随风摇摆，而是要做到矢志不移。坚持自己的志向，随着时间的逝去，自己肯定会有所作为。

曾国藩从军之后，心中就怀揣着“临讫授命”的志向。假如自己患病了，他就忧心自己会不会一下子病死在家中，那样就违背了他最初的志向，从而失信于天下人。所以，等到痊愈之后，他就变得更加坚定自己最初的志向，在他心中，已经有殉国的念头，愿战死沙场。

但是，他对于自己一生的志向，是满含自责意味的，这可以从他给侄子的信中看出：“余生平坐不恒之弊，万事无成，德无成，业无成，已可深耻矣。等到办理军事，志向才最终确定，中间本志不变化，尤无恒之大者，用为内耻。”

年轻的时候，曾国藩立志成为不同凡响的人物，成为“蛟龙”。后来，他办理军事，虽然，干一番大事业的“志向”并没改变，但他自己却觉得从军一事是一次本志的改变，所以，心中比较自责。的确，无论在什么时候，一个人要想成就一番大事，就必须树立远大的志向，而且，更为重要的是，贵在有恒，坚定当初的目标积极进取，坚持不懈地去追求，方能等到“守得云开见月明”之时。

曾经有个女孩，她特别喜欢写作。但是，她在写作方面并没有太大的天赋，尽管她多年来一直坚持写作，而且总是定期誊抄自己的文章，将其寄给编辑部的老师，但是从未有过任何作品发表。有一天，她再一次收到一位熟悉的编辑的退稿，这位编辑知道女孩的经历，也知道她对于文学的热爱和执着，因而好心提醒女孩：“这么多年来，我觉得你真的没有写作的天赋，但是我却发现你的钢笔字写得越来越漂亮！”就这样，女孩突然间找到人生的方向，她开始勤奋练习书法。因为此前誊抄文章的刻苦坚持和付出，她在书法的道路上越走越远。最终，她成为著名的书法家。

常言道，世上无难事，只要肯攀登。现实社会中，每个人都有优点和特长，也有缺点和不足。一个人要想获得成功，除了要找到属于自己的道路之外，还要具有坚持不懈的毅力，从而才能最大限度发掘自身潜力，让自己扬长避短。

现代社会，尤其是对于年轻人而言，简直梦想泛滥，各种心灵鸡汤层出不穷。然而，别人的故事都只是故事而已，我们唯有创造自己的传奇，才能实现自己的梦想。朋友们，我们与其当别人成功的看客，不如从现在开始就刻苦努力、坚韧不拔，每天坚持付出一点点，等到随着时间的推移积累到一定的量，我们就能实现质的飞越。也许在坚持的过程中，我们的人生还会有意外的惊喜呢！

约翰逊说：“人的理想志向往往和他的能力成正比。”在现实生活中，如果被问到志向，有人会漫无边际地说“我想开个公司”“我将来想买辆车”，可实际上他就是一个入不敷出的普通上班族，每天幻想着不切实际的事情。这根本不是志向，或者，恰当地说只能是美梦。因为，如果你没有能够正确地认知自己、分析自己、改变自己，你所立下的志向，不过是空中楼阁，永远没有办法实现。

说到“梦想”，每个人都有自己的话要说，无非是我立下什么样的志向，现在达到怎样的目标。有的人，一旦确定自己的人生梦想就不改变，朝着这个方向不断地努力，哪怕用一生的时间来奋斗，他们也会坚持下来；有的人，今天说“我先踏踏实实工作，存钱了做生意去”，明天说“大家都说公务员是铁饭碗，我也考试去”，后天说“大学同学有的读研究生，读了研究生读博士，我也自学考试去吧”，到了第四天，他还在思考自己到底要立怎样的志向。

说到底，这些人根本不知道他的梦想是什么，似乎什么都想去做，但什么都是口头之说，无法投入真正的实践之中。前者，贵在有恒，无论志向多么远大，多么难以实现，对他来说，有恒心就有成功的希望；后者，纯粹是拿“梦想”当混日子的借口，他们一会儿想做这样，一会儿想做那样，最后，什么也没有做成。

俗话说：“千里之行，始于足下。”无论你的梦想是什么，都需要脚踏实地追寻，如果总是好高骛远，不懂得自知，那么，你是很难达到自己的人生目标的。

第4章

有梦想的人总在长夜里痛苦，又迎着朝阳出发

在实现梦想的过程中，我们会遇到很多的挫折，面对这些挫折，那些有梦想的人总是忍受痛苦，继续前进。还有许多人总是不由自主地说："我不能……"在这样一种心态的影响下，他们不敢正视现实中的挑战，对自己缺乏信心，最后导致自己的潜力并没有得到充分的发挥。其实，挫折是人成长的契机，只要我们调整心态，积极应对，勇敢地向前迈一步，坚持到底，那么，我们就有实现梦想的可能。

积极的心态，是梦想的阳光

生活中，我们每个人都梦想过自己将成为什么样的人，也许是科学家，也许是医生或者是律师。不过，并不是谁都能实现梦想的，因为这条路十分曲折，有时候还会出现逆境甚至是绝境，但如果你想实现梦想，就必须始终具备积极的心态，朝着梦想勇敢地奋进，那么我们就真的能够成为我们所希望成为的那个人。

面对挫折和磨难，垂头丧气并没有任何作用，而且，也于事无补。我们所要做的，是调整内心的情绪，除了坦然面对，还需要改变我们的心态，凡事都往好处想。即使在不幸之中也有希望，只要我们能抓住这种希望，并且把它当作前进的动力，我们就能够在不幸中重新站起来。

纵观那些卓有成就的历史人物，他们无一不是在不幸的遭遇中顽强奋斗并做出成就的，在他们身上，有一个显著的特点：以乐观的心态面对不幸，将不幸当成自己的朋友。对于每一个人来说，生活和事业都不可能一帆风顺，都会遇到各种困难和不幸，但是，只要我们将不幸当成朋友，永远怀有事情还有转机的乐观心态，我们就一定能赢得成功。

一场大雪之后，一个小女孩趴在窗台上，看到大街上有乞丐因为饥饿寒冷而可怜地蜷缩着，好像随时都有可能倒下去永远起不来。小女孩不禁泪流满面，为乞丐的不幸遭遇而悲恸不已。这时，旁边的祖父看见了，将小女孩引到另一个窗口，让她欣赏自家的后花园，只见各种树上挂满了漂亮的花朵，一片洁白的世界，令人心旷神怡。小女孩的心情顿时开朗起来。祖父托起小女孩的下巴，说道："孩子，你开错了窗户。"有时候，或许，我们就像那个小女孩一样，开错了心灵的窗户，才深感不幸的悲伤。如果我们能将不幸当成朋友，克制内心的"败气"，以积极乐观的心态看问题，我们会发现，好像自己并没有想象中的不幸。

同样，在追梦的路途中，我们永远不要对自己失去信心。人生的路途上永远不会是一帆风顺的，它总是充满荆棘和坎坷，等着我们跨过去。如果你在人生的挫折面前选择逃避，那么你就永远错过成功的机会。每一个人都要学会和挫折做朋友，当你把它当朋友的时候，你就会发觉它并没有那么可怕，你就会鼓起勇气去战胜它。最初的人生是一张白纸，而挫折是白纸上的星星点缀，当你已经走完你的一生，再回过头来，你会发现正是那些挫折让你登上成功的顶峰，而你的人生也因为曲折变得十分精彩。

除了积极的心态，我们还必须依靠自己的双脚站起来，一步一个脚印，踏踏实实地走下去。这样，我们才能走出属于我们自己人生的精彩。

一天，著名的成功学家安东尼·罗宾接待了一位走投无路、风尘仆仆的流浪者。

那人一进门就对安东尼说：“我来这儿，是想见见这本书的作者。”说着，他从口袋里掏出一本《自信心》，这本书是安东尼多年以前写的。安东尼微笑着请流浪者坐下，那人激动地说：“是命运之神在昨天下午把这本书放入我的口袋中，因为当时我已经决定要跳进密西根湖了此残生，我已经看破一切，我对这个世界已经绝望，所有的人都已经抛弃我，包括万能的上帝。不过，当我看到这本书，我的内心有了新的变化，我似乎看到生活的希望，这本书陪伴我度过了昨天晚上，我下定决心，只要我能见到这本书的作者，他一定能帮助我重新振作起来，现在，我来了，我想知道你能帮助我什么。”安东尼打量着流浪者，发现他眼神茫然、满脸皱纹、神态紧张，他已经无可救药了。但是，安东尼不忍心对他这样说。

安东尼思索了一会儿，说：“虽然我没有办法帮助你，但如果你愿意的话，我可以介绍你去见本大楼的一个人，他可以帮助你东山再起，重新赢回原本属于你的一切。”听了安东尼的话，流浪者跳了起来，他抓住安东尼的手，说道：“看在老天爷的分上，请你带我去见这个人！”安东尼带着他来到从事个性分析的心理实验室里，面对着一块看来像是挂在门口的窗帘布，安东尼将窗帘布拉开，露出一面高大的镜子，流浪者看到了自己，安东尼指着镜子说：“就是这个人，在这个世界上，只有这个人能够使你东山再起，除非你坐下来，彻底认识这个人，当作你从前并不认识他，否则，你只能跳进密西根湖了，只要你有勇气来重新认识自己，你就能成为你想做的那个人。”流浪者仔细打量自己，低下头，开始哭泣起来。几天后，安东尼在街上碰到那个人，他已经不再是一个流浪汉了，而是成为西装革履的绅士。后来，那个人真的东山再起，成为芝加哥的富翁。

如果对自己感到失望，也就失去了生活的希望，那么，能够挽救自己的只有一个人，那就是自己。很多时候，我们希望上帝能救赎自己，甚至把自己的处境归结为被所有人抛弃了，其实，没有人能够抛弃自己，除非你已经抛弃自己。当生活遭遇挫折与困难的时候，我们唯一能做的就是勇敢向前，一步一步向自己的梦想靠近，最后，真的会成为自己想做的那个人。

总的来说，在追求梦想的道路上，磨难虽然来得无声无息，但是，它却在悄悄考验我们的情绪反应，如果我们能够乐观面对、顽强抗争、逃离磨难的阴影，那么，我们将重新给心以幸福的方向，自己也将变得更加完美。

梦想，青睐于乐观的人

人生在世，谁都不甘于平庸，谁都希望成功，但我们又不得不面对这样一个事实：在这个世界上，成功卓越者少，失败平庸者多。成功者自信、潇洒，而失败者空虚、自卑。如果你仔细观察、比较，你会发现，造成这一差异的原因在于他们的心态不同。成功者始终用积极的思考、乐观的精神和辉煌的经验支配与控制自己的人生，他们用积极的意念鼓励自己，于是便能想尽办法，不断前进，直至成功。而失败人士则习惯于用消极的心态去面对人生，他们受过去的种种失败与疑虑所引导和支配，他们空虚、猥琐、悲观失望、消极颓废，最终走向了失败。

成功学的始祖拿破仑·希尔说，一个人能否成功，关键在于他的心态。如果心态积极，乐观地面对人生，乐观地接受挑战和应付麻烦事，那他就成功了一半。因此，生活中的每一个人，不论你处于什么样的现状下，不论何时，你都应该乐观处世，给自己希望。

人们常说，逆境与不幸能造就一个人，也能毁灭一个人。这句话是有道理的，你不在绝境中发迹，就在绝境中沦落。处在绝望境地的奋斗，最能启发人潜伏着的内在力量。没有这种奋斗，便永远不会发现真正的力量。

现实生活中，总有一些人，他们一味地沉溺于过去发生的事情中，不断地抱怨、自责或者悔恨，为此，他们陷入糟糕的情绪中，心境自然也会受到影响。这类人，总是处于迷糊和混沌的状态中，也就看不到未来的希望，其实，对于这类人而言，只要学会积极地思考，就会看到人生困境中的希望。

一家大公司要招聘10名职员，经过一段时间严格的面试、笔试，公司从300多名应聘者中选出了10名佼佼者。

在招聘信息公布的那一天，一位年轻人看到名单上没有自己，当时就感到十分的悲痛，觉得人生无望，回家便有了轻生的念头，还好被家里人及时发现了，否则后果不堪设想。

正当年轻人悲伤之时，从公司传来了好消息：他的成绩本是名列前茅，只是由于计算机的错误，才导致他落选。

听到这个消息，这个年轻人的家人们感觉非常的惊喜。可是没过多长时间，坏消息却又再次传来：他被公司除了名。原因很简单，公司的老板认为："如此小的挫折都经受不了，这样的人肯定在公司里干不出什么大事。"

很多人觉得考验一个人的能力主要是看他在困境中的表现，看他如何面对失败与挫折。看失败能否唤起他更多的勇气；看失败能否使他更加努力；看失败能否使他发现新力量，挖掘潜力；看失败以后他是更加坚强还是就此心灰意冷。

有人说，失败是一块试金石，它可以鉴定出你是否是金子；失败是一面镜子，在它面前，有人悲观颓废、自暴自弃，有人乐观开朗、积极向上。其实，已经过去的事情无法挽回，如果在错过月亮的时候你为之哭泣，那么你很快就会错过星星。我们必须对失败有个清醒的认识，不要经不起失败的打击与碰撞，我们应该明白，没有人永远都是成功的，失败是很平常的事情。我们必须坦然接受失败的事实，认真分析、审视自己受挫的过程，多多寻找方法，克服生活中存在的问题。只有在跟失败的决斗中无所畏惧的人才能打败它，继而走向成功。

的确，生活中，失败平庸者多，主要是心态有问题。遇到困难，他们总是挑选容易的倒退之路。“我不行了，我还是退缩吧。”结果陷入失败的深渊。成功者遇到困难，总是保持积极的心态，用“我要！我能！”“一定有办法”来激励自己，结果真的找到解决的办法，突破了困境。

很多年前，在美国，有个叫史蒂文的残疾人，和很多残疾人一样，他的残疾是后天不幸所致。不能正常行走的他，陷入极度的恐惧和无助之中，他学会了喝酒度日。就这样，20年过去了。但这一切，又在另外一场意外中改变了。

有一天，他和往常一样，从酒馆出来，照常坐轮椅回家，却碰上了3个连残疾人都不放过的劫匪，这群劫匪早就盯上了他的钱包。

当他的钱包被抢后，他拼命呐喊，试图找到一个能够帮助他的人，但这群劫匪，在听到他的呼喊后，居然萌生了杀人的念头，他们放火烧他的轮椅。很快轮椅燃烧起来，求生的欲望让史蒂文忘记了自己的双腿不能行走，他立即从轮椅上站起来，一口气跑了一条街。事后，史蒂文说："如果当时我不逃，就必然被烧伤，甚至被烧死。我忘了一切，一跃而起，拼命逃走。当我终于停下脚步后，才发现自己竟然会走了。"

现在，史蒂文已经找到一份工作，他身体健康，与正常人一样行走，并到处旅游。

信念的力量是无穷的，大自然赐给人以巨大的潜能，但由于没有进行各种智力训练，人的潜能从没得到过淋漓尽致的发挥。人的潜能往往就是通过强力激发出来的。人人都是天才，至少天才身上的东西都有可能在普通人身上找到萌芽。

总之，只有放下沉积在心中的悲伤，学会接受现实，才能重新起航。同样，生活中的人们，不要总是以为明天胜利的光芒很遥远，只要你远离悲伤，你就能看到希望之光！

与其抱怨，不如勇敢爬起来

我们都知道，人生路上，挫折总是难免的，在追求梦想的过程中更是如此，我们得到的不可能全是掌声和鲜花、成功和荣誉，更多的是泪水和挫折。但无论如何，我们要记住的是，抱怨毫无用处，我们只有坚强地爬起来，才能继续上路，朝着梦想进发。事实上，艰难困苦对于每个人来说都是一样的公平，我们只有经历一些失败，才能逐渐增强心理承受能力，面对日后人生路上的种种失败，生活中的种种不如意，也就不会一蹶不振。

我们不难发现，大凡做出一些成就的人，他们的成功之路都不是一帆风顺的，他们必定会经受一些磨难、吃尽苦头，然后才能等到出头之日一鸣惊人。在这个过程中，他们不断地忍耐着痛苦与辛酸，精神上的、身体上的，那些痛彻心扉的日子，他们咬着牙，将滴落的血吞进肚子里。有时候，为了实现自己心中的理想，他们可能会需要寄人篱下，甚至遭人白眼、受人讽刺，但他们都忍耐过来。在这个过程中，他们表面上好像在委曲求全，但实际上却是运筹帷幄，因为他们知道，自己的忍耐只需要等到可以出头的那一天，一旦到了有利的时机，自己就可以将所有的计划付诸实践。那么，自己以前所受的所有苦难都是值得的，因为它们已经凝结成耀眼的成功的光环。所以，我们可以说，任何人，与其活在哀怨的苦难中，不如勇敢向前。

事实上，人们驾驭生活的能力，是从困境生活中磨砺出来的。和世间任何事情一样，苦难也具有两重性。一方面它是障碍，要排除它必须花费更多的精力和时间；另一方面它又是一种肥料，在解决它的过程中能够使人得到更好的锻炼提高。

李国豪教授是我国桥梁和力学方面的权威人士，在“文化大革命”期间，他被隔离了，在隔离室，他没有书籍、纸笔，也没有学习资料，但是还有报纸。于是，报纸上那些稍微有点空白的地方，都成了他的演算文稿，而妻子的发夹、孩子的乒乓球网则成了他的实验工具。

那段时间，他经常被带出去审讯，但就是在那样艰苦的环境下，他居然顶住各方面的压力，写出了一本书长达十万字的专著《桁梁扭转理论——桁梁桥的扭转、稳定和震动》，填补了世界桥梁建筑学上的一项空白。

从李国豪教授的经历中，我们应该有所启发：人生没有过不去的坎，跌倒了再爬起来，重新整理好自己，勇敢地去迎接挑战，就能赢得属于自己的辉煌。如果你本身承受能力就较弱，则应该学会确立切合实际的目标，制订由低到高、由易到难的计划，这样就能不断地看到自己的进步，从而逐步形成克服困难和挫折的能力。

逆境总是吞噬意志薄弱的失败者，但更能造就毅力超群的事业成功者。磨难是魔鬼，它夺走了你的光明。磨难也是天使，它是一座深不可测的宝藏。要在逆境中赶走魔鬼、拥抱天使，最重要的美德就是坚韧。你若怕苦，就不会成功，就不会搞好学习，遇到困难就后退，悲观地对待生活，这样很难适应社会的竞争。

富兰克林·德拉诺·罗斯福总统39岁时，一场高烧使他下肢瘫痪并终生与支架或轮椅相伴。这突如其来的灾难差点把他打垮，开始他不肯接受这一残酷而不容改变的事实。于是他不断做着一些无谓的挣扎，结果带给他的是一个又一个无眠的夜晚。终于在经过一段时间的自我斗争后，他无奈地接受了现实，开始以顽强和乐观的态度去适应它。他把这飞来的横祸当成上帝早已预定的命运之约。身体的残疾没有使他性格乖戾和愤世，在他此后的生命中的各个时段里，他以乐观和坚强赢得那些政敌的肯定。

的确，尘世之间，变数太多。事情一旦发生，就绝非一个人的心境所能改变。伤神无济于事，郁闷无济于事，一门心思朝着目标走，才是最好的选择。相反，如果跌倒了就不敢爬起来，就不敢继续向前走，或者就决定放弃，那么你将永远止步于此。生活中的人们都应该记住：我们的命运由我们的行动决定，而绝非完全由我们的出身决定。每个人的起点并不能决定其人生结果。在这个世界上，永远没有穷富世袭之说，也永远没有成败世袭之说，有的只是我奋斗我成功的真理。

许多时候，成功者与平庸者的区别，不在于能力的大小，而在于是否有勇气。有勇气的人就能披荆斩棘，就能勇往直前，平庸者只能畏首畏尾、知难而退。爱默生说："除自己以外，没有人能哄骗你离开最后的成功。"柯瑞斯也说过："命运只帮助勇敢的人。"

然而，现实生活中，总有人一味沉溺在已经发生的事情中，不停地抱怨，不断地自责。这样一来，将自己的心境弄得越来越糟。这种对已经发生的无法弥补的事情不断抱怨和后悔的人，注定会活在迷离混沌的状态中，看不见前面一片明朗的人生。之所以这样，是因为他经历的磨炼太少。正如俗语说的那样：天不晴是因为雨没下透，下透了，也就晴了。

总之，身处困境中，我们每个人都会心存不快，甚至抱怨命运的不公，但人不正是因为这些折磨和困难才成长得更为历练吗？

真正的强者，都会将困难踩在脚下

在人生路上，尤其是在追求梦想的路上，我们都希望顺风顺水，都不愿意遇到困难，被困难阻拦住。遗憾的是，现实总是残酷的，很多时候我们越是逃避困难，困难就越是堵在我们面前，让我们无路可走、无处可逃。在这种情况下，我们必然要更加鼓起勇气，以更强大的力量面对困难。

有一天，一头驴不小心掉进一口枯井里，农夫绞尽脑汁想办法救它出来，但是，几个小时过去了，那头驴还在枯井里痛苦地哀号着。最后，农夫决定放弃，心想，这头驴反正年纪也大了，不值得大费周章去把它救出来，但是，无论如何，要将这口枯井填起来，以免其他动物掉进去。于是，农夫请来左邻右舍，大家一起帮忙将枯井填满，同时，也好免去驴的痛苦。农夫和邻居们手拿铲子，开始将泥土铲进枯井中，当那头驴了解到自己的处境时，眼里满是绝望，忍不住流下眼泪，并不断在枯井里发出痛苦的嘶叫声。但是，出乎意料的是，没过多久，这头驴就安静下来，农夫好奇地探头往井底一看，出现在他眼前的景象却令他大吃一惊：当铲进枯井里的泥土落在驴身上的时候，它将泥土抖落在一旁，站到铲进的泥土堆上面。很快，那头驴便出现在人们的眼前，大家都惊讶地捂住了自己的嘴巴。

扭转困境的方法往往隐藏在我们没有注意的地方，假如我们能发现它、抓住它、利用它，那么，我们将有机会摆脱困境、获得成功。面对困难，智者眼里往往意味着这将是一个潜在的机遇，而愚者却对此无动于衷。成功的人士从来不怕困难，面对困难，他们就像猎豹一般默默潜伏时刻准备着，伺机等待机遇重拾成功。人生就是这样，越是在困难的时候，越是要抓住机遇，因为困难与机遇本是同在的。

人生路上，我们不仅会遭遇困境，而且会面对各种各样的困难。虽然人们常说困难像弹簧，但是有相当一部分困难都是很难战胜和克服的，我们轻描淡写地努力，根本无法战胜困难，也更不会为我们迎来美好的未来。所以，要想成为一个真正的强者，面对困难，我们就必须越挫越勇，从而不断超越和挑战自我，提升和完善自我，最终把困难踩在脚下。

在美国历任的总统中，有一位总统格外受到人们的尊重，他就是布朗·德拉诺·罗斯福，美国第32任总统。当罗斯福还是参议员时，他潇洒英俊、才华横溢，深受人们爱戴。有一天，罗斯福在加勒比海度假，游泳时他突然感到腿部麻痹，动弹不得，幸亏旁边的人挽救及时才避免了一场悲剧的发生。经过医生的诊断，罗斯福被证实患上了“腿部麻痹症”。医生对他说：“你可能会丧失行走的能力。”罗斯福并没有被医生的话吓倒，反而笑呵呵地对医生说：“我还要走路，而且我还要走进白宫。” 这种坚定的自信，感染了在场的每一个人。

在第一次竞选总统时，罗斯福对助选员说：“你们布置一个大讲台，我要让所有的选民看到我这个患腿部麻痹症的人，可以‘走到前面’演讲，不需要任何拐杖。”当天，他穿着笔挺的西装，面容充满自信，从后台走上演讲台。他的每次迈步都让每个美国人深深感受到他的意志和十足的信心。

在罗斯福首次履任总统的1933年初，正值经济大萧条的风暴席卷美国，到处是失业、破产、倒闭、暴跌，到处可见美国的痛苦、恐惧和绝望。罗斯福却表现出一种压倒一切的自信，他在宣誓就职时发表了一篇富有激情的演说，他告诉人们："我们唯一害怕的就是害怕本身。"

正是罗斯福的自信和坚强的信念，使得他成为美国政治史上唯一一个连任四届的伟大的总统。

罗斯福是美国历史上唯一一位蝉联四届的总统，是美国最伟大的三位总统之一。而这一切，他都是在自己身患腿部麻痹症的情况下实现的。年轻有为、意气风发的他，在面对突如其来的疾病时，非但没有像大多数人一样沮丧绝望、自暴自弃，反而发出豪言："我还要走路，而且我还要走进白宫。"这是何等的气魄，这是何等的自信！正是因为这份自信，才造就了他这位美国历史上伟大的总统。

一个人，假如内心很强大，即便遭遇困境，也能够从生命的源泉中不断汲取力量。与此同时，哪怕面对再强大的对手，他们也能够坦然以对、淡定从容。而且，他们能够客观公正地认识自己，深入了解和剖析自己。即便发现自己的弱点和不足，他们也能够从容不迫，并且他们能够意识到每个人都是不完美的，唯有坦然接受自己的不足，积极提升和完善自己，才能使自己更加强大。朋友们，记住，你的名字不是软弱。人生不如意十之八九，任何人在人生旅途中都会遇到坎坷和挫折，唯有收起软弱，表现坚强，人生才能更加顺遂如意，成功也才能青睐我们。

正如人们常说的，没有人的一生是一帆风顺的，追求梦想的过程更是充满艰辛，面对坎坷挫折，我们必须鼓起勇气，知难而上，无所畏惧，才能让困难变成弹簧，在我们面前偃旗息鼓。记住，真正的强者不畏惧困难，也不会在困难面前退缩。也许对于他们而言，困难恰恰是一次历练，也是人生的试金石，帮助他们更好地验证自己，证明自己的实力和强大。朋友们，记住，人生没有绝境，只要我们的心永远张开希望的翅膀！

第5章

梦想需要坚持，追梦决不能说说而已

有人说，梦想的实现就如同大海航行，面对风浪海潮的起伏变化，一些人束手无策，只能随波逐流，幸运的能漂进某个避风港，不幸者可能触礁或搁浅。但那些成功者，他们花时间研究计划、确定目标和航向，他们坚持走属于自己的路，从此岸到彼岸，有计划地行进。他们勇敢地做自己心灵的舵手。同样，我们追逐梦想也是如此，唯有坚持和持续不断地努力，我们才能到达成功的彼岸。

梦想之路，跪着也要走完

相信很多人自小就被长辈们这样教育：“坚持到底，就是胜利。”甚至我们都已经将其当成一种口号，但最后真正做到的又有几人？事实上，在岁月的沉淀中，真正将这句话彻底执行的人都实现了自己的梦想，获得了成功。

事实上，如果我们没有坚持到成功到来的时刻，那么面临的就将会是失败的厄运。正如马云所说的，梦想的道路一旦选定，跪着也要走完。不得不说，在通往成功的道路上有那么多的艰难困厄，我们必须全力以赴才能做到最好，也必须坚持不懈才能战胜障碍、勇往直前。

大量的研究表明，那些成功人士身上最显著的共性是“说做就做”。一旦他们有了明确的目标，就会立即展开行动，一心一意、持之以恒地投入实践中，直到完成目标为止。

“疯狂英语”创始人李阳小的时候学习成绩并不是很好，在刚进入高三不久后的一段时间曾极度厌学，并好几次都想要退学。幸而有父母的鼓励，高考时李阳勉强考入兰州大学的工程力学系。大学的生活也并没有那么如意，大一大二这两年，由于英语功底比较薄弱，李阳在英语这方面栽了很多跟头，每次开学几乎都需要补考。

为了改变自己英语学习落后的情况，李阳决定要好好努力一把，他不相信自己在英语这里要吃一辈子的亏。于是，他改变自己的学习方法，不再只顾着学习英语语法、做枯燥的阅读理解，他另辟蹊径，开始把所有的精力都放在口语上面，因此他开始背书，不管是全英文的演讲文稿、报纸上的全英文报道，还是上的英文对话，连试卷上的考试题目都被他创造性地改成朗朗上口的句子。

他不怕出丑，不论什么地方都能看到他大声朗读的模样，早上起来读，课下的时候读，走在路上都要拿出抄在小纸条上的句子来读。经过4个月的努力，在1988年的大学生英语四级考试中，李阳一下子获得全校第二名的好成绩。他的努力没有白费，同时也证明他努力的方向是正确的。

在此之后，李阳还跟他的同学合作，用自己总结出来的一套方法进行同声翻译的训练，最后，李阳摸索出一套独特的适合中国学子的英语学习方法，这就是我们大家所熟知的“疯狂英语”，在发音、口语等方面都有与众不同的效果。李阳把这套学习方法公布于众的时候当即受到广大学子的喜爱，给很多的中学生、大学生，甚至英语爱好者都带来成绩上的大幅度提高。他因此受到各个学校的邀请来传授这套学习方法，渐渐地他也开始受到国家的关注，为很多大型国际会议完成口译任务。

在自己选定的道路上，李阳坚持了，也努力地寻找改变现状的方法，最终他成功了，攻克了这个一直困扰他的难关，也在自己人生的道路上越走越远。是啊，人生不就是一个困难接着一个困难地去克服，一场见识接着一场见识地去成长，当你拥有足够坚硬的外壳，你就能成为自己的英雄。

所有的成功者最初都是由一个小小的目标开始的，一旦拥有了目标，你就会产生无穷的力量。你想拥有一个什么样的人生，全在于你持有一个怎样的目标。对于我们来说，最重要的就是要确立目标，怀揣着目标向前走。而多数人没有达成目标，就在于不能坚持。在我们人生的旅途中，常常会遭遇到各种困难与挫折，但是，请不要轻易地放弃什么。其实，人生就如沙漠，而拼搏就是我们的信念与目标，在追求目标的过程中，遇到了困难要努力坚持，因为目标与信念可以战胜一切的恐惧。在追寻目标的过程中，我们既需要有危机意识，更需要有坚定的目标，只有这样我们才能稳步前进，最后完成自己的人生目标。

王太太很胖，所以她经常把减肥挂在嘴边，但是到了吃饭时间，她的饭量仍比别人大，睡觉的时间仍比别人长。叫她做些家务，她说太辛苦了；提醒她应该做运动，她嫌太劳累了；邀她一起到公园慢跑，她既怕晒太阳，又怕流汗。

有一天，王太太站在磅秤上，低头一看停在70公斤处的指针，不禁大吃一惊。那天她狠下心，一整天只吃了一点点东西，油盐甜腻皆不入口。接着，她迅速到体育用品店购买了全套的运动服，拼命般地又跑又跳。从第二天起，她开始了少吃多运动的生活习惯。

大家都以为这一次她肯定减肥成功了。第三天，她很有信心地继续着她的计划。一个星期后，她充满信心地又站上了那个令她心跳加速的磅秤。然而，当发现指针仍固执地指在70公斤时，王太太像被扎破的皮球一样很快就泄气了。

她认为自己上当了——自己不是没尝试过，也不是没努力过，但却没看到成绩。她生气了，失望透顶的她又一次放弃了减肥计划。从第八天起，绝望的她又恢复了以前的生活方式——大吃大喝，想睡就睡，运动服则束之高阁。于是，王太太越来越胖，现在已经到75公斤。

许多人没有达成自己的目标，就在于不能坚持。其实，对于成功，最忌讳的就是一日暴十日寒，这不是说方法是错误的，而是你坚持的态度出了问题。或许，你再向前走一步，就是成功。

忍一忍，再坚持一下也许就成功了

谁都希望人生路上一帆风顺，获得命运的垂青、一举成功，但没有人能随随便便成功，这条路也并不是那么好走，需要我们经受各种考验，其中就有失败。但勇敢的人从不会被失败打倒，而是把失败当成成功的垫脚石，从失败中崛起。在困境中，他们会告诉自己，咬咬牙，忍一忍就过去了。他们不畏惧风雨、不怕挫折、不惧坎坷，所以最后他们成功了。

我们需要明白的是，人生之所以有失败，是因为你要突破要挑战。身陷绝境，就不要沮丧。失败是你错误想法的结束，也是你选择正确做法的开始。你不在绝境中发迹，就在绝境中沦落。处在绝望境地的奋斗，最能激发人潜伏着的内在力量。没有这种奋斗，便永远不会发现真正的力量。

凯撒大帝是罗马共和国末期杰出的军事统帅和政治家。一次，他的军队在与敌人作战过程中，由于种种原因，损失十分惨重，因此军中士气非常低落。

当天晚上，凯撒大帝因为此事焦虑万分，他苦苦思考失败的原因和应对敌人的策略，因此休息得很晚。然而，那晚他却做了一个颇有意味的梦。在梦里，他遇见一位智慧老人，智慧老人对他的情境十分了解，还对他讲了不少安慰的话，其中最关键的是一句至理名言。这句名言意义深刻，蕴含了人类克服所有困难的智慧。智慧老人告诉他，这句至理名言可以使任何一个人战胜任何困难，使他能面对挫折百折不挠，挽救败局，最终走出失败的困境。

得到名言，凯撒大帝十分高兴，可是他醒来之后，却怎么也想不起那句至理名言。他只好招来所有的谋士，对他们讲述了一遍自己做的梦，希望他们能把那句至理名言想出来。另外，他还拿出自己的佩剑，对众谋士说："你们如果想出那句至理名言，就把它镌刻在我随身携带的这把剑上，我要用它来激励自己，征服整个世界。"

两天以后，几位谋士兴冲冲地给凯撒大帝送来佩剑，这时凯撒大帝看到，剑身已经刻上一句勉励人战胜失败、走出逆境的至理名言："一切都会过去！"

"一切都会过去"——这句话蕴含了人类所有的智慧。在成功时，它提醒我们莫要骄傲；在失败时，它提醒我们困境总会过去。幸福总会过去，因此请珍惜吧；苦闷总会过去，因此不必绝望。

常言道，笑到最后的人才是笑得最好的人。好莱坞巨星史泰龙被拒绝了一千多次，才有导演愿意接受他；肯德基老爷爷为了推销自己的炸鸡配方，开着破旧的老爷车走遍了美国，最终才得以成功。正是因为能够坚持到最后，他们才获得好的结果，也正是因为能够坚持到最后，他们才没有被梦想抛弃。记住，当你抛弃梦想的时候，梦想也就抛弃了你。所以任何情况下，我们都要心怀梦想、砥砺前行，而不要急于宣告梦想的结束。成功，也许在遥远的未来，也许就在不远的拐角处。对于每一个拼尽全力奋斗的人而言，最大的悲哀就是在成功即将到来时选择放弃，而最大的幸运则是在失败的最后一次，选择继续尝试，继续坚持，绝不放弃。

1967年夏天，美国跳水运动员乔妮·埃里克森在一次跳水事故中，身负重伤，除脖子之外，全身瘫痪。乔妮从此被迫离开那条通向跳水冠军领奖台的路。她曾经绝望过，但最后，她拒绝了死神的召唤，开始冷静思索人生的意义和生命的价值。

乔妮领悟到：我是残了，但为什么不能在另外一条道路上获得成功？于是，她想到了自己中学时代曾喜欢画画。于是，这位纤弱的姑娘捡起中学时代曾经用过的画笔，用嘴衔着练习开了。她常常累得头晕目眩，汗水把双眼弄得咸咸地辣痛，有时委屈的泪水把画纸也淋湿了。

好些年头过去了，乔妮的辛勤劳动没有白费，她的一幅风景油画在一次画展上展出后，得到了美术界的好评。

乔妮又想到要学文学。因为曾有一家刊物向她约稿，要她谈谈自己学绘画的经过和感受，她用了很大力气，可稿子还是没有写成。这件事对她打激太大了，她深感自己写作水平差，必须一步一个脚印地去学习。

终于，又经过许多艰辛的岁月，这个美丽的梦成为现实。1976年，乔妮的自传《乔妮》出版，轰动了文坛，她收到数以万计的热情洋溢的信。两年后，她的《再前进一步》一书又问世了，该书以作者的亲身经历告诉残疾人，应该怎样战胜病痛，立志成才。后来，这本书被搬上银幕，影片的主角由她自己扮演，她成了青年们的偶像，成了千千万万个青年自强不息、奋进不止的榜样。

人生境界就是如此。在你生命的过程中，不论是爱情、事业还是学问等，你勇往直前，到后来竟然发现那是一条绝路，没法走下去了，山穷水尽悲哀失落的心情难免出现。此时不妨往旁边或回头看看，也许有别的通路；即便根本没有路可走了，往天空看吧！虽然身体处在绝境中，但是心还可以畅游太空，体会宽广深远的人生境界，那样也就不会觉得自己是穷途末路了。

对于任何人来说，在追求成功的过程中都会遇到挫折与失败。挫折是生活的组成部分，你总会遇到。世间的万事万物，无一不是在挫折中前进的。即使是灾难也不足以让你垂头丧气。有时候，可能一次可怕的遭遇会使你备受打击，认为未来都失去了意义。在这种情况下，你必须相信：灾难中也常常蕴含着未来的机遇。

奥斯特洛夫斯基说得好：“人的生命似洪水在奔腾，不遇着岛屿和暗礁，难以激起美丽的浪花。”如果你在失败面前勇敢进攻，那么人生就会是一个缤纷多彩的世界。也正如巴尔扎克的比喻：“挫折就像一块石头，对弱者来说是绊脚石，使你停步不前，对强者来说却是垫脚石，它会让你站得更高。”

所以，如果你已经成功，你要由衷感谢的不是你的顺境，而是你的绝境。当你陷入绝境时，就证明你已经得到上天的垂爱，将获得一次改变命运的机会。如果你已经走出绝境，回首再看看，你会发现，自己比想象的要伟大、要坚强、要聪明。

再试一次，你就有可能好梦成真

任何人都渴望成功，享受成功带来的喜悦，但成功不是一蹴而就的，而是从决定去做的那一刻起，持续累积而成的。胜利者，往往是能比别人多坚持一分钟的人。要问成功有什么秘诀，丘吉尔在西点军校讲演时回答得很好：“我的成功秘诀有三个：第一是，决不放弃；第二是，决不，决不放弃；第三是，决不，决不，决不放弃。”卡耐基在被问及成功秘诀的时候也说道：“假使成功只有一个秘诀的话，那应该是坚持。”在为梦想而努力的人们，这两句话应该成为你们的座右铭，当你准备放弃时，再咬牙坚持一秒，坚持之后就会雨过天晴。

有人说，生活的意义，并不在于你是否在经受挫折和磨炼，也不在于要经受多少挫折和磨炼，而在于坚持不懈。经受挫折和磨炼是射击，瞄准成功的机会也是射击，但是只有经历了99颗子弹的铺垫，才会有一枪击中靶心的结果。

只要坚持到底，就一定会成功，人生唯一的失败，就是当你选择放弃的时候。因此，当你处于困境的时候，你应该继续坚持下去，只要你所做的是对的，总有一天成功的大门会为你而开。

美国华盛顿山的一块岩石上，立下了一个标牌，告诉后来的登山者，那里曾经是一个女登山者躺下死去的地方。她当时正在寻觅的庇护所——“登山小屋”只距她100米而已，如果她能多撑100米，她就能活下去。

这个事例提醒我们，倒下之前再撑一会儿。胜利者，往往是能比别人多坚持一分钟的人。即使精力已耗尽，人们仍然有一点点精力，用到那一点点精力的人就是最后的成功者。

美国第16任总统林肯曾说过：“我成功过，我失败过，但我从未放弃过。”往往，再多一点努力和坚持便收获到意想不到的成功。以前做出的种种努力，付出的艰辛便不会白费。令人感到遗憾和悲哀的是，面对一而再、再而三的失败，多数人选择放弃，没有再给自己一次尝试的机会。

从前，有一位老婆婆在屋子后面种了一大片玉米，长势喜人。很快秋天到了，也是玉米丰收的季节，地里一片金黄，颗颗饱满的玉米棒彼此拥挤着，都希望自己能被主人相中。其中，一个颗粒饱满的玉米说道：“收获那天，老婆婆肯定先摘我，因为我是今年长得最好的玉米！”

但是，到了收获那一天，这个颗粒饱满的玉米等了很久，老婆婆也没有把它摘走。不过，这个玉米并没有失望，它自我安慰："明天，明天她一定会把我摘走！"第二天，老婆婆又收走了其他一些玉米，但依然没有摘走这个玉米。

乐观的玉米难掩失望的表情，不过它勉强安慰自己："明天，老婆婆一定会把我摘走！"但是，从此以后，老婆婆再也没有来过。直到有一天，玉米真的绝望了，原本饱满的颗粒变得干瘪坚硬。

没有想到的是，就在这时，老婆婆来了，她一边摘下这个玉米，一边说："这可是今年最好的玉米，用它做种子，明年肯定能种出更棒的玉米！"干瘪的玉米笑了，它终于等到希望，明年自己将儿女成群。

或许，你一直都很自信，不过接连的失败和挫折会让你泄气、信心动摇，甚至自暴自弃。即便是在这样的境地，那也需要自己给自己加油，或许再坚持一下，成功就会来了。

那么，为梦想奋斗的你，是否有耐心在这种绝望时候再等一下？哪怕再等一下！偶尔的困难与挫折是生活中不可避免的常事，任何的抱怨与难过都毫无用处。所以，你需要做的，就是乐观地坚持自己的生活。当别人都放弃的时候，你依然坚持不懈，直到成功的那一天。

面对同样的一件事情，不能坚守，不会选择，不懂思考便不会有所成就。很多人在本该放手一搏的时候，却犹豫彷徨，不愿意再试一下，不想再付出看似多余的努力，而去贸然地选择一条看似明智的路，最终的结果只是一再地变换自己的目的地，就连上帝也被你弄得晕头转向，不知道该把金子放在哪里。

生活本身是由无数个目标组成的，亦是由无数个对目标的等待组成的。不管是成功还是幸福，都不会一下子来临，这期间的等待是必然的。一旦我们煎熬不住缺乏耐心而放弃的时候，成功也会随之而去。要想成功，就必须等待，而且要学会等待、善于等待，再坚持一下，再等待一下，说不定就有奇迹出现。成功前的等待是煎熬的，忐忑不安，渴望成功，又担心失败，这期间的情绪是复杂的。但是，不管多么煎熬，请对自己说：再等一下！

在成功的道路上，永远没有失败，只有暂时停止成功或者将要成功。所以无论何时，我们都应该信心百倍地去全力争取人生的幸福和成功，并永远激励自己：离成功我只有100米，只要再多一分钟的坚持！所以，要不断地对自己说，要坚持每天学一点东西，坚持每天快乐一点点，坚持每天进步一点点……

那么，我们应该如何做到坚持呢？

1.坚持信念，看到希望

在遇到重重失败和困难时，大多数人都选择放弃，只有少数人还能坚持到最后的原因是他们坚定地相信自己坚持下去就一定会取得最后的成功，而大多数人却因为暂时的困难和挫折蒙蔽了自己看到希望的眼睛！其实很多时候我们选择放弃都是因为我们看到太多的障碍，我们没有看到希望！

2.告诉自己：成功就在下一秒

困难和挫折可以摧毁一个人，也可以成就一个人，就看你以怎样的心态面对它们。而心态的积极与否，需要你自己选择。对此，你可以在心里暗示自己：成功就在下一秒，坚持，再坚持，就能看到光明！

一往无前，无论如何别放弃你的梦想

我们都知道，梦想对于人的行为有指引作用，它有一种巨大的魔力，能够不断地召唤着我们前进，寻找心中的远方。无论自己的梦想是多么模糊，也不管自己的梦想是多么的不可思议，我们都要听从心中梦想的召唤，紧紧跟随着它，坚持不懈地走下去，那梦想就会变成现实。“永不放弃”是梦想成真的信念，只有不懈地坚持，自己的梦想才能成就辉煌。有人认为，梦想是一种虚无缥缈的东西，并没有什么作用。其实，这种想法是错误的，梦想能够使人产生一种力量、一种信念，更重要的是，梦想能够成为现实。

也许，人的内心都有着这样或那样的梦想，然而，在追逐梦想的过程中，挫折与困难无所不在，很容易就会让人放弃，最终与梦想失之交臂。其实，梦想是人生命中最珍贵的一部分，我们要永不放弃自己的梦想，用心飞到梦想之地，让生命绽放别样的光芒。

从本质上来说，正因为有梦想，才有希望，没有人生目标的人根本没有未来可言，又哪来的希望呢！由此可见，目标和希望一起构成我们人生的指引，让我们在漫漫人生路上执着向前，决不放弃。

事实上，任何一个成功者，他们梦想的实现都不是一蹴而就，而是经历了重重磨难，但他们都坚持下来了，最终，他们成功了。阿里巴巴的创建者马云，他在最初梦想着创建阿里巴巴的时候，有人甚至讽刺他："你要是能创建阿里巴巴，轮船都能开到喜马拉雅山上去。"然而，马云并没有放弃自己的梦想，他凭着不懈的精神，不但成功地创建了阿里巴巴，而且使阿里巴巴成为世界五大网站之一，最终到达了自己心中的远方。

赛尼·史密斯6岁的时候，在威灵顿小学读一年级。一天，老师玛丽·安小姐给学生布置作业，让大家说出自己未来的梦想，班上同学十分踊跃，纷纷说出自己的梦想。特别是赛尼，他一口气说出两个梦想：拥有一头属于自己的小母牛以及去埃及旅行。但是，班里有一个叫杰米的男孩子一下子没想出自己未来的梦想，因为他能想到的，别人都已经说了。为了让杰米拥有一个自己的梦想，玛丽·安小姐建议杰米向同学购买一个，在老师的见证下，杰米花了3美分向赛尼购买了一个梦想，也就是“去埃及旅行”。

40年过去了，赛尼·史密斯已经人到中年，在过去的日子里，赛尼去过许多国家，如丹麦、希腊、中国、日本，然而，他从来没有去过埃及。难道赛尼不想去埃及吗？赛尼说：“自从我卖掉去埃及的梦想之后，我就从来没有忘记过这个梦想。但是，作为一个虔诚的基督教徒，我不能去埃及，因为我已经把这个梦想卖掉了。”带着强烈的愿望，赛尼决定赎回自己的梦想，因为他觉得只有这样，自己才能心安理得地踏上那片土地。但是，赛尼·史密斯没能如愿以偿，因为联邦法院认定，那个梦想现在已经价值3000万美元了。

购买赛尼梦想的杰米，在这40年中，怀揣着梦想考上华盛顿大学，鼓励儿子考入斯坦福大学。在梦想的感召下，杰米的人生获得极大的成功，他在芝加哥拥有6家超市，总价值超过2500万美元。杰米说：“如果我没有那个去埃及旅行的梦想，我是绝对不会拥有这些财富的。”梦想对于杰米而言，已经成为生命里不可分割的一部分。

花上3000万美元赎回一个曾经以3美分卖出去的梦想，这在许多人看来都是不可思议的。但是，对于赛尼来说，即使倾家荡产，也想要赎回那个梦想，因为他知道，人的一生中最珍贵的东西就是梦想，那预示着前进的方向。

所以，我们每个人都应该记住，任何时候都不要放弃自己的志向和希望，哪怕处于人生的绝境中，只要你抱有希望，就能绝处逢生。

1906年11月，本田宗一郎出生在日本荒僻的兵库县的一个贫穷家庭。由于家庭贫穷，9个孩子中有5个因营养不良而早夭。

本田在上学的时候非常喜欢逃课，这让他的父亲伤透了脑筋。用本田自己的话说："那种正规的教育真是让人厌恶！"但是，对于学校的实验课，他却非常喜欢，所以他经常逃课去别的班级上他们的实验课。早期的这种富于探索的精神，为他以后的事业成功奠定了良好的基础。

后来，本田创立了自己的摩托车制造公司。当时摩托车行业已经快要趋于饱和了，但是他没有畏惧，依然硬着脑袋挤了进去。在之后5年内，他打败了250个竞争对手，实现了儿时的制造更先进的摩托车的梦想。当然，这期间，他经历了一系列失败。

当本田成功的时候，他说："回首我的工作，我感到我除了错误、一系列失败、一系列后悔外什么也没有做。但是有一点让我很自豪，虽然我接连犯错误，但这些错误和失败都不是同一原因造成的。这使我在失败中学到了很多东西。"

本田总结道："企业家必须善于瞄准不可能的目标和拥有失败的自由。"这句话言简意赅地阐明了做大事的人所必须拥有的心态，对很多人产生深远的影响。

本田的成功经历告诉我们，人生没有一帆风顺的，经历一些挫折和失败并不可怕，可怕的是因为害怕而放弃了希望。只有那些把挫折和失败当成动因并能从中学到一些东西的人，才会接近成功。因为心态是决定事业成功的奠基石，未来的路我们谁都无法预料，我们能做的就是放平心态、锁紧目标，攻克形形色色的困难。

是啊，当一个人的内心被梦想牵引，一心惦念着自己的目标，他的内心就充满了希望，坚信自己一定能够达成目标，那么即便在这个过程中遭遇一些坎坷和挫折，也不会因此而放弃。相反，他们会在希望的激励下不断说服自己坚持下去，直到最终如愿以偿地实现目标。从结果的角度来说，目标和希望还能够帮助人们增强信心。由此一来，实现目标也就变得更有把握，并且是让人愉快的奋斗历程。朋友们，请记住，当你们朝着梦想勇往直前，就没有任何外力能够阻止你们的征程。

第6章

马上行动，不要让梦想萎缩

生活中，我们每个人都有梦想，也有自己的目标，但最终执行的人却没有几个，这就是有的人最终失败，有的人却成功的关键所在。想法、目标每个人都有一点，计划有的人有，有的人还不完善，而执行了的人却没有几个，正因为如此，他们的梦想萎缩了。所以，说一千道一万，我们唯有马上行动，梦想才有实现的可能。所以，现在的你，赶紧去行动吧！

现在就去做，别让你的梦想萎缩

不难发现，古今中外的每一个成功者，无不是既拥有超前的思想和超凡的行动力，并通过发挥自己的优势而赢得荣誉的。一句话，行动促就梦想。说一尺不如行一寸，只有行动才能缩短自己与目标之间的距离，也只有行动才能把理想变为现实。成功的人都把少说话、多做事奉为行动的准则，通过脚踏实地的行动，达成内心的愿望。

可惜的是，每天都有很多人把自己辛苦得来的新构想否决或埋葬掉，因为他们不敢执行。过了一段时间以后，这些构想又会回来折磨他们。生活中的你，如果不想让自己成为这些人中的一员，如果不想让自己的梦想萎缩掉，就从现在开始行动吧！

事实上，很多情况下，无论我们有多少智慧多少创意，多少决策和管理能力，我们常常从事的还是执行的事情，所以一个人执行力的好坏决定了他是否最终能梦想成真。马云曾经说过这样一句话："孙正义跟我有同一个观点，一个方案是一流的idea加三流的实施；另外一个方案是一流的实施加三流的idea，哪个好？我们俩同时选择一流的实施加三流的idea。"所以说执行力在人们成功的过程中，扮演着重要的角色。

因此，对于生活中的你来说，如果你心中有梦想，那么，就从现在开始改掉犹豫不决的坏毛病，不管面对的是危机还是机遇，我们都要毫不犹豫地冲上前去。很多事情不尝试怎么知道结局呢？而且如果不切切实实地去做，我们就会永远毫无收获。宁愿当一个错误连连的行动派，也不要当一个只说不做的空想家。

1921年时，电报机发明已有25年之久，人们也已经认识到电报对信息传播的重要作用。

鉴于此，一些年轻人从中受到启发，他们认为，既然电报有如此重要的作用，那么，何不创办一份文摘刊物，让人们从中获取信息呢？

说做就做，不过当他们向邮局申请发行刊物时，得到的答复是因为从没有过这类刊物，目前条件还不成熟，还要等一等。绝大多数申办者就只好等等再说。

但在这些人中，有个叫华莱士的年轻人却没有放弃，他认为：邮局不发行，我可以自办发行呀。他没有等待，而是将订单装入2000个信封中，从邮局发往各地。

就这样，这位青年创办了世界上很少有的文摘刊物，它一下子拥有了不少的读者，而且市场越来越广阔，这就是有名的《读者文摘》。到2002年，这本刊物已成为世界性的刊物。它用19种文字出版，发行到127个国家，年收入达5亿多美元。

所以，不要怕实践你的梦想，不要因为恐惧而裹足不前，不要当生命走到尽头时，才恍然大悟原来你可能有机会实现梦想，只是，你放弃了。有了梦想就不要让它成为空想，不妨勇敢地去体验实践生命的感觉！不要在意别人的嘲笑。如果没有勇气去大胆地尝试，你永远都不会知道自己的潜力有多大！

那么，我们所说的执行力，到底是什么呢？

执行力，指的是贯彻战略意图、完成预定目标的操作能力，是把企业战略、规划转化成为效益、成果的关键。执行力包含完成任务的意愿，完成任务的能力，完成任务的程度。对个人而言执行力就是办事能力。简而言之，执行力就是把想法变成行动、把行动变成结果的能力。

一个人有想法是好事，但是如果他不能把自己的想法付诸实施，变成能够体现自己价值的行动，那么再好的想法也是空想。我们可以看到，在历史上，有很多很有想法，但是执行力却差得一塌糊涂的人。例如孔子和孟子，他们的政治思想都特别出色，可是他们在政治上却没有大的建树，他们在政治上的作为，甚至不如商鞅这样一个平凡的人。除了他们没有选择正确的君主，他们的政治理论和所处时代不相适应之外，很大一部分原因是他们执行能力的差劲。

生活中的人们，可能你知道，每一份工作——不论是经营事业、高级推销工作还是在科学、军事、政府机关工作，都需要脚踏实地的人来执行。主管在聘用重要职位的人才时，都会先考虑下面这些问题，然后才决定是否聘用。这些问题有：“他愿不愿意做？”“他会不会坚持到底把事情做完？”“他能不能独当一面，自己设法解决困难？”“他是不是有始无终、光说不做的那一种人？”

这些问题都有一个共同的目的，就是设法了解那个人是不是“说做就做”，也就是有无执行力。即使是很普通的计划，如果立刻执行并且继续发展，都比半途而废的好计划要好。因为前者才会贯彻始终，后者却前功尽弃。

世上的事情没有一件绝对完美或接近完美，如果要等所有条件都具备以后才去做，只能永远等待下去了。如果一个人一直在想而不去做的话，那他根本成不了任何事。

那么，从现在起，请记住下面两种想法。

1.切实执行你的创意，以便发挥它的价值

不管创意有多好，除非真正身体力行，否则永远没有收获。

2.执行时心里要平静

有人说天下最悲哀的一句话就是：我当时真应该那么做却没有那么做。每天都可以听到有人说：“如果我在那时开始那笔生意，早就发财了！”或“我早就料到了，我好后悔当时没有做！”一个好创意如果胎死腹中，真的会叫人叹息不已，感到遗憾，如果真的彻底施行，当然也会带来无限的满足。

不过在此之前，你一定要有立刻行动的决心，坐而言、坐而思只能形成方法，起而行才可能有成果。

你不努力，就别指望实现梦想

当看到他人摘取胜利的果实、登上自己的梦想之巅时，我们难免会心生羡慕。然而，我们只看到了他们的成功，却没有看到他们光环背后所付出的艰辛。其实，谁都不会随随便便成功，梦想的实现更不是一件容易的事，需要我们付出艰辛和努力，你不努力，就别指望实现梦想。

大学毕业之后，甜甜和很多同学一样四处奔波着找工作。当然，她也和其他同学一样处处碰壁，喜欢的工作不能被录用，被录用的工作自己又不喜欢。这样的情况足足有半年了，甜甜还是没有找到合适的工作，眼看着时间飞逝，她突然有了一个大胆的设想：自主创业。

原来，甜甜大学时就曾在淘宝店兼职过，对淘宝店的开店流程和经营模式都很熟悉。为此，她马上向父母借了几万块钱资金作为开店的资本，又去浙江义乌的小商品批发市场走了一圈。就这样，一个月之后，她的淘宝店开张了。此时，她的同学们还在各家公司最基层的岗位上奋斗呢，而她却成了一个真正意义上的小老板。面对同学们的质疑和担忧，甜甜无怨无悔地说：“青春就是用来燃烧的，我愿意付出自己的热情和动力，为我的青春做主！”

转眼之间，几年的时间过去了，今日的甜甜早已成为几家淘宝连锁店的老板。在拥有更多的资金之后，她更是大胆地成立了加工厂，专门生产一些婴幼儿用的口水巾、三角巾等利润比较大的产品，最后居然形成自己的品牌，在淘宝市场上占据一席之地。

然而，我们发现，在我们的周围，有不少这样的人，他们无论是对待工作还是对待生活，没有丝毫的上进心，别人在追求梦想的路上不断打拼，他们却在悠闲自在地混日子混工资，慢慢地简直就成了一个颓废的人。还有的人想做大事，却漫无目标，得过且过。这样的人肯定会有很多局限性而无法超越自我，难有大的突破和进展。实际上，凡是有"得过且过"心态的人，无不是给自己立了一堵墙，并陶然忘我地在围墙之内沉醉。殊不知，这俨然是在耗费生命。

伊尔·丰拉格是美国历史上第一位获得新闻界最高奖——普利策奖的黑人记者，是美国黑人的骄傲。

丰拉格小时候曾经非常厌恶自己的出身。他因为自己的肤色而自卑孤僻，甚至绝望地认为自己将来不会有任何出息。父亲带儿子去荷兰参观梵高的故居。在看过那张小床及裂了口的皮鞋之后，儿子困惑地问父亲："梵高不是位百万富翁吗？"父亲答道："梵高是位连妻子都没娶上的穷人。"

听了父亲的介绍，儿子若有所思。父亲用厚实有力的大手抚摸着儿子的头说：“孩子，你看，上帝并没有看轻卑微，伟人原来也不过是一介草民。”听了父亲的话，丰拉格改变了，不但对自己的未来充满自信，而且对大千世界产生了浓厚的兴趣。他立志要成为一名记者，走遍全世界。

从此，丰拉格开始为理想不懈地奋斗。大学毕业后，他如愿以偿地成为一名新闻记者。但是风无常顺，兵无常胜，他很快遭到白人的排挤。有一次，一个白人记者公然将丰拉格辛苦了一个多月的采访稿件据为己有。丰拉格当时很气愤，找到主编，希望能讨个公道。事与愿违，主编竟然偏袒那个白人，根本不相信他的申辩。

这件事使丰拉格再次看清了社会的现实和人生的坎坷，但是他仍然坚信自己的未来。他不辞辛苦，深入各种险境，获取第一手新闻资料。最终，他凭借独特的新闻视角和理念获得了新闻界最高奖——普利策奖，开创了黑人获此奖项的先河。

在颁奖仪式上，丰拉格激动地说：“感谢上帝！上帝并没有看轻卑微，而将高贵的灵魂赋予每个人的肉体，无论是出身高贵的肉体还是出身卑微的肉体。感谢父亲！是他给了我自信和新生。我的经历使我确信，凭借坚定的信念和艰苦的努力，黑人可以做成任何事情。每个人都是自己命运的设计师。”

在这个世界上，或许可以成为我们偶像的人有很多，但哪一个才是我们最值得期待的呢？当我们为自己的理想种下一颗种子，浇水施肥，每天坚持不懈，长久下去，我们就真的朝着那个方向前进了。同时，我们也会成为当初自己羡慕敬佩的那个人，这时自己岂不是成为自己的偶像了？

的确，对于实现梦想的人来说，他们都有着远大的目标，有着前进的动力，有着不断挑战自我的决心。他们不畏惧困难，不得过且过，没有混日子的心态，这是一种责任意识，也是一种生活态度，所以成功不属于他们属于谁呢？他们不会因为一时的成功而扬扬自得、不思进取，他们始终认为“下一刻的自己才是最好的”，从而不断地激发自己追求更高目标的欲望，直达最终的成功。

梦想，需要机遇来照亮

在生活中，每个人都抱有雄心壮志，都希望自己能够做下一番大事业，不想一生碌碌无为。可有的人总在抱怨，为什么苹果只砸在牛顿的头上，若砸在自己头上，自己也可以发现万有引力，这种人认为自己是千里马，空有满腔的抱负却无法实现，渴望声名却取之无门。要知道，机会对每个人都是平等的，只有失败者才会拿“没有机会”当作借口，那些成功的人总是善于抓住机会，而失败者只会任凭机会与自己擦肩而过。

很多年前，美国穿越大西洋底的一根电缆因破损需要更换，这则小消息平静地传播在人们之间。但是一位不起眼的珠宝店老板却没有等闲视之，他毅然买下了这根报废的电缆。

没有人知道小老板的意图，认为他一定是疯了，异样的目光惊诧地围绕着他。小老板关起店门，将那根电缆洗净、弄直，剪成一小段一小段的金属段，最后装饰起来，作为纪念物出售。

大西洋底的电缆纪念物，还有比这更有价值的纪念品吗？这样他轻松地发迹了。他又买下欧仁皇后的一枚钻石，淡黄色的钻石闪烁着稀世的光彩。人们不禁要问：他是自己珍藏还是抬出更高的价位转手？他不慌不忙地筹备了一个首饰展示会，观众当然是冲着皇后的钻石而来。

可想而知，梦想一睹皇后钻石风采的参观者会怎样蜂拥着从世界各地接踵而至。他几乎坐享其成，毫不费力就赚了大笔的钱财。他就是美国赫赫有名、享有“钻石之王”美誉的查尔斯·刘易斯，一个磨坊主的儿子。

目光敏锐、头脑灵活的人，总能在机会的身影还若隐若现时，就做出自己的判断，并大胆地行动。查尔斯·刘易斯的成功，正是如此。他判定一根报废的电缆中蕴含着一个巨大的商机，把这次机遇当作自己事业腾飞的平台，乘着机遇的东风冲天而起，在商海大展身手。

生活中的你，不要总是抱怨没有好的机会降临在你身上，不要总想着会有兔子撞到你面前。成功的机会无处不在，关键在于你是否能紧紧地抓住。聪明的人能从一件小事中得到大启示，然后有所感悟，最后将之化成成功的机会；而愚笨的人即使机会放在他面前也不知，最后只能任机会从指缝中溜走。

有人说，人生有三大憾事：遇良师不学；遇良友不交；遇良机不握。很多人把握不住机遇，不是因为他们没有条件、没有胆识，而是他们考虑得太多，在患得患失间，机遇的列车在你这一站停靠了几分钟，又向下一站行驶了。我们生活在一个激烈竞争的时代，很多机会本来就是稍纵即逝的。每每，在优柔寡断的人左思右想的时候，机会已经溜到别人手里，把他远远抛在了后面。

希凯的老板最近遇到一桩麻烦事，公司刚刚研发的新产品，还没有开始生产就被竞争对手抢先推出了同类产品，而且价格比自家公司的成本价还要低。希凯所在的公司若要推出更低价只会自毁长城，以往的老客户也都被竞争公司挖走，纷纷毁约。一时间公司到了生死存亡的时刻，如果不能扭转这一局势，公司只能以破产收尾。

看到公司进入这般田地，很多同事都选择了跳槽，他们认为公司已经发不出薪水了，还待在这儿干什么呢？不如及早选择下一家新单位。还有一些没跳槽的员工，整日里也没有心思工作。希凯却有不同的想法，他认为现在正是施展他能力的时候，他有信心帮助老板渡过这个危机。

打定主意后，希凯仔细地分析了公司目前的状况。他发现情况并没有那么糟，如果能将产品再改进一下，更换几个重要零件，不但能够将价格降下来，而且产品的性能也能提高一个档次，反而能打开更多的市场。说干就干，希凯联合几个技术人员，加班加点地赶工，经过不断的研究，终于拿出了全新的产品改进方案。

希凯拿着方案找到老板，老板看后紧紧握住了他的手。几个月后，经过改进的新产品隆重上市，由于之前竞争厂家为抢市场，一味地进行低价销售，现在已经没有余力参与竞争，加之希凯公司的产品性能更强、价格适中，很快就收到了大量的订单，曾经毁约的老客户也纷纷慕名而来，要求恢复合作关系，公司终于摆脱困境，迎来了新的发展。此事最大的功臣希凯，也被老板破格提升为公司副总，成为一名成功人士。

成功固然要靠人的才能和努力，但抓住机遇，不观望、不犹豫同样重要，只有具备勇于尝试的勇气，并有付诸实践的决心，才能取得成功。因此，有些人因为一个机遇而扬名也就不足为奇。正如故事中的希凯，虽然他知道公司正陷入僵局，但同时他也看清这是一个绝佳的机会，如果他能抓住它并充分利用，那自己的前途必将一片光明，于是希凯果断行事，帮助老板解决问题，不但挽救了公司的败局，也为自己开拓了全新的未来。

机遇每个人都曾有过，区别只是有人能够抓住而有人任凭它溜走，有的人宁愿等待机遇来临也不愿自己先走出第一步，最后只能在等待中虚度了自己的时光，在现实世界中迷失了自我。当你感觉机遇已经来临，一定不要白白浪费，多留意生活中的点点滴滴，从中收获更多的机遇，从而走向成功。

有些人总在悲叹上天的不公，抱怨上天没有给予自己发展的机遇，其实上天对待每一个人都是公平的，只是有些机遇并不是那么明显，它可能会在你完全没有预料的情况下出现，因此若想成功，我们就需要提升自己把握机会的能力。

瞻前顾后，只会一事无成

生活中的人们，想不想成功，想不想获取财富，有没有机会？我想大多数人是有成功的想法的，也曾经有各种各样的机会，只不过大多数人面对机遇时总免不了畏首畏尾，结果不是错失时机，就是走晚了一步，落在别人的后面，更有甚者永远也没有出手，结果导致一生的遗憾。

年轻人一定要知道，有机遇，就会有风险。当面对机遇时，如果我们过分审慎，瞻前顾后，就容易错失良机。我们要做的事就是先把机遇抢过来，再逐渐排除风险，这样就有很大机会获得成功。

面对生活中的机遇，很多人不去想一万，而去想万一：万一失败了，我将一无所有；万一失败了，我连平稳的生活都不可能有了；万一失败了，我将没有勇气继续下去……越想越可怕，人生无数的可能性在这种犹豫和等待中化为乌有。其实，生活中的万一是很少的，我们完全可以把这种万一用自己的智慧排除掉。

约瑟夫·墨菲说：“决定你命运的绝不是才能，更不是环境和外在条件，而是你的思考方式，即你的想法。”从现在起，想象自己想成为什么样的人，然后让这种“心想”成为一种习惯，在潜意识强大的力量之下，自己真的会成为想象中的人。你想成为什么样的人，就努力去成为这样的人；你想成就什么事业，就马上去行动。

在麦克小学六年级的时候，由于考试得了第一名，老师送给他一本世界地图，麦克十分高兴，回到家就开始翻看这本世界地图。那天正好轮到他为家人烧洗澡水，他一边烧水，一边在灶间看地图。突然，麦克看到一张埃及的地图，原来埃及有金字塔、尼罗河、法老王，还有许多神秘的东西，他心想：我长大以后一定要去埃及。麦克正看得入神的时候，爸爸走过来了，他大声对麦克说：“你在干什么？”麦克说：“我在看地图。”爸爸跑过来给了他两个耳光，说：“赶快生火！看什么地图！”他又踢了麦克一脚，严肃地对麦克说：“我给你保证！你这辈子绝不可能到那么遥远的地方！赶快生火！”

麦克呆住了，心想：爸爸怎么给我这么奇怪的保证，真的吗？难道我这辈子真的不能去埃及吗？20年后，麦克第一次出国就去埃及，朋友都问他：“你到埃及去干什么？”我说：“因为我的生命不要被保证。”麦克跑到埃及，当他坐在金字塔的最前面，他买了张明信片写给爸爸：“亲爱的爸爸，我现在在埃及的金字塔前面给你写信，记得小时候，你打我两个耳光、踢我一脚，保证我不能到这么远的地方来。”

人生的精彩源于梦想的精彩，你的行为决定成就的高度。其实，我们每个人都是自己命运的设计师。人生的道路该如何去走，向着什么方向去走，最终要达到什么样的目标……所有这些问题都应该是我们自己的立场，而不需要被别人保证。如果我们想去做事情，为什么不去做呢？如果我们失去了尝试的勇气，那么一生也不会有什么大的作为。

其实，那些不敢去做的人，无非是害怕冒险。想一想那些一生都勤勤恳恳地工作，最终却只能拿着有数的保险金过活的工人吧，他们一生从没冒过险，但他们的生活是多么危险啊，只要有点病或者遇到重大事故，如失业，他们甚至连自己的生活都自顾不暇。而那些一生都在冒险的商人，他们不断冒险，不断失败，但他们中的不少人却成功了，除了那些半途放弃的人，多数坚持的人在晚年都过着悠闲富裕的生活，他们不怕失业，不怕病症，不怕自然灾害，生活中的风险要比那些不敢冒险的人少得多。

人生就是一次大冒险，你生而为人，就已经胜出几万倍。面对有风险的机遇，我们要做的就是第一时间把机遇抓住，而不是先算计清楚，再决定抓不抓住这次机遇。如果我们没有必胜的把握，或者风险大过了我们的承受能力，或者风险与收益不成比例，或者条件真的不成熟，我们也可以到那时候再决定把这次机会拱手让给别人。而绝不是等待万事俱备后，再抓机遇，因为那时，机遇也许就错过了。事情永远都是在发展的，该出手时不妨就出手，否则一旦条件成熟，就会有更多的人来抢机遇，而那时，机会也许就不再属于你了。

19世纪80年代，人们在立马地区发现了一个大油田，但因为含碳量高，被人们称为“酸油”，当时还没有有效的方法对它进行提炼，所以“酸油”的售价很低，只卖一角五分钱一桶，正常的石油售价是一元一桶。当时的石油大王洛克菲勒认为这种石油总有一天会找到方法提炼，所以，执意要买下这个油田。他的这个决定遭到了董事会的反对，但他却宁愿冒更大的风险，个人拿出300万美元同时说服了董事会，执行这一决策。两年后，这种“酸油”终于有了提炼方法，油价一下子涨到了一元一桶，他的公司在立马建造了全世界最大的炼油厂，盈利猛增了几亿美元。

如果克洛菲勒等到“酸油”有了提炼方法才去买立马油田，相信不仅他付出的代价更大，而且那时立马油田将不是被他一个人看中，有了许多竞争者，就不是钱能够解决的问题。

可见，有时候，思虑周全并不为过，但千万不能瞻前顾后。不要瞻前顾后，就是不必想太多，不要考虑别人如何评价我们、如何看待我们、我们能得到什么回报、得到什么奖励表扬荣誉。别人的评价是在咱们的事情之后，而不可能在咱们的行动之前或同时；而且是在咱们做过之后很久很久，才会有客观的中肯的评价。那些及时的、同时的表扬和奖励都是安排的与鼓励性质的，不是真正客观的准确的评价。事实上，许多事是应该用勇气和决心去争取的。

许多人总是说：“我想做……”但他们总是停留在口头表达，迟迟不肯行动，前怕狼后怕虎，想去做，又担心失败，结果就是卡在那里。多年后，依然是平平庸庸，事业也不见起色。如果你总是犹豫不决，怕前怕后，那只会一事无成。所以，人要珍惜自己的美好时光，想去做就去做，为什么不呢？

第7章

梦想太多，反而让你找不到奋斗的方向

目标在追求梦想过程中的重要性早已毋庸置疑，一个人要想成功，首先就得明确目标，有了目标，才有前进的方向，才不至于在前进途中迷失了方向。然而，过多的目标、太过虚无缥缈的梦想，反而让我们分散精力、心力交瘁，当然，我们在明确目标之后，还需要朝着这个方向不断地努力。不管在追寻路途中有什么样的困难和挫折等着我们，我们都需要学会忍耐和坚持，因为忍耐是一种对胜利的执着。

目标太多，反而让你分散精力、心力交瘁

我们都听过小花猫钓鱼的故事。

小花猫跟猫妈妈一起出去钓鱼，却因为贪玩，一会儿捉蝴蝶，一会儿捕蟋蟀，最终一条鱼也没有钓到。很多时候，我们就如同贪玩的小花猫而不自知。明明今天需要完成的任务，却控制不住自己去玩手机、玩游戏，最终待做的事项越积越多，目标就达成不了。久而久之，便失去了坚持，这也是很多人无法成功的原因。

我们都知道，目标对于人生有着非同寻常的意义。

目标是人生的引航灯，没有目标的指引，人如同在茫无边际的大海上航行一般，永远也找不到方向。没有目标的人还会缺乏眼界，他们犹如井底之蛙，根本无法看到更高更远的地方，也根本不可能给予人生更远大的未来。然而，在追求人生梦想的过程中，目标太多，反而让人精力分散、心力交瘁。

《孟子弈秋》中有这样一则故事：全国最会下棋的弈秋教两个人下棋，其中一个人专心致志，“惟弈秋之为听”，另一个人却“一心以为鸿鹄将至，思援弓缴而射之”，貌似与同伴一起学习，但却心不在焉。结果可想而知，那人既没有学成对弈，也没有射到鸿鹄。故事虽然简短，说明的道理却很深刻：

做任何事情都需要专心致志，同时追赶两只兔子，终将一无所获。

迄今为止唯一一个两次获得诺贝尔奖的科学家——居里夫人，有一次，她在进行提炼镭元素的研究时，她的同事想要跟她开玩笑，故意在她的身后垒起了椅子，足足垒了五六张，居里夫人竟毫无察觉。做事如此专心，令人称叹。可以说，居里夫人成功的因素有很多，但是专心致志一定不可或缺。

科学家告诉我们，量变引起质变，的确，很多事情只要坚持去做，总是能够得到预期的结果。伟大的发明家爱迪生为了找到合适的材料作为灯丝使用，尝试了一千多种材料，进行了六七千次实验。有一次，实验又失败了，连助理都感到沮丧绝望，爱迪生却说："失败了也没关系，至少我们知道哪种材料不适合作为灯丝使用了。"爱迪生的话告诉我们，他始终不忘初心，所以才能最终试验成功，发明了电灯。

还有一些人说，目标越是远大，越是能够对人生起到积极有效的引导作用。国际数学大师陈省身曾经被询问当初为什么会选择数学，陈省身回答："别的什么都不会，只好做数学。"大师的谦虚回答说明了一个真理：想要在一个行业取得最终的成就需要破釜沉舟的勇气和态度。在人生的前进路上，我们总是会遇到诸多诱惑，陷阱也总是相伴而行，避之不及。想要取得成功，须得摈弃杂念，专心致志。

老鹰在天空中发现了地上的绵羊，于是俯冲下来用利爪抓在绵羊的身上，成功捕获了一只绵羊。穴鸟看到了，觉得自己比老鹰强，于是效仿老鹰，也从高处俯冲下来用爪子去抓绵羊。没想到脚掌却被绵羊卷曲的毛给绕住，拔不出来。牧羊人发现了就走过去将穴鸟的爪子剪掉，将穴鸟带回去给孩子们当玩具。孩子们问这是什么鸟，猎人回答："据我所知，这是一只穴鸟，但是它自以为是老鹰。"

量力而行，尽力而为，说的正是这样的道理。人的能力有强弱之分，客观条件也不尽相同。依据自身实际情况，不断调整，才能够在不同环境中不断变换并成为最好的自己。给你一根木材，你永远做不出金雕，却可以尽力做出精巧的木制工艺品。

众所周知，制订目标是非常重要的，因而人人都热衷于制订目标，甚至有些人把目标制订得过于远大，有些人把目标制订得太多，最终导致自己精力分散，无暇顾及所有的目标，反而失败了。那么，如何制订目标才是正确的呢？

明智的人知道，目标在于少而精，而不在于多而杂。一个人要想拥有精彩的人生，首先要为自己设立正确的目标，从而才能在人生中拥有更夺目的未来。否则，当目标过于远大，让他们感到心力憔悴，他们最终会放弃实现目标。相反，如果目标琐碎凌乱，他们也会因为精力有限而无暇兼顾。只有制订适宜的目标，而且根据自身的实际情况控制好目标的数量，人们才能集中所有的时间和精力，让人生变得目标明确、效率倍增。

当然，凡事过犹不及，远大的目标一定要建立在符合现实的基础之上，否则当目标脱离实际，对于现实生活也就失去了作用。远大的目标能够鼓励人、激励人，让人采取切实有效的行动，从而实现人生的宏图。切实有效的目标也能够分解成若干小目标，从而让人一步一步实现人生的远大理想。总而言之，没有人生的目标是无头苍蝇，只有在目标的指引下，人生才能集中火力攻打某一个突破口，最终取得质的飞跃。

很多朋友都知道，平凡的人生与伟大的人生之间，其实只是相差一线。平凡的人每天都重复着索然无味的生活，从来不去思考到底怎样才能拥有更好的人生，就这样按部就班，当一天和尚撞一天钟。而伟大的人之所以变得伟大，是因为他们在做好本职工作的同时，也极尽目力去看向未来，拥有憧憬和美好的远景。平凡的人孤立地做每一件平凡的事情，伟大的人把平凡的事情做到极致，也用目标把那些平凡的事情串联起来，从而成就卓越。有人说，成功就是简单的事情重复做，实际上，成功的确是平凡的事情重复做，但是成功绝不是罗列平凡，而是积累平凡。

总的来说，我们在制订目标的过程中，不要三心二意，也不要把目标订得过于远大。鼠目寸光的人不会拥有远大的人生，不切实际的目标也无法对人生起到积极的、切实有效的引导作用。只有把目标订得恰到好处，同时客观公正地评价自己，根据自身情况树立目标，我们才能排除万难，在人生中有好的发展，也顺利地走上成功的道路。记住，对于人生而言，艰难是正常的，如果人生总是一蹴而就、轻而易举，那么人生就不值得珍惜，当回首往昔的时候，我们也会少了很多资本去炫耀，更无法遇见最好的自己。朋友们，从现在开始，为自己制订适宜的目标，让人生扬帆起航吧！

想要太多，会得不偿失

生活中，大多数人都想闯出一番事业，都想实现人生理想，都想获得财富，然而，当你问他们有什么具体目标时，他们却是十分茫然。对于目标，他们很迷茫，甚至不少人什么都想要，想成为职场精英，又想创业，还想成为名人，但我们的精力都是有限的，我们要想有所成就，就必须明确自己真正想要的，并学会舍弃。

人生在世，面临的抉择实在太多。而有选择，自然就会有放弃。因为鱼与熊掌不可兼得，如果你什么都想要，那么，最终，你很有可能什么也得不到。现实生活中，哪个会被你忍痛割爱？人生旅途中，经常会遇到三岔路口，我们又该何去何从？

的确，很多时候，我们遇到的选项都是非常具有诱惑力的，但却不能同时拥有。对此，我们不少人往往会斤斤计较，患得患失，优柔寡断。但我们要明白的是，必须学会抉择，学会舍得。生活的辩证法也告诉我们这一道理，“得”与“失”之间也是矛盾的统一体，在鱼和熊掌不可兼得时，你必须有取有舍。取就必须舍，舍了才能取。例如，要成功就必须放弃享乐；选择家庭的同时就得放弃单身生活的很多自由空间；选择内心平静的同时就得放弃对权力和金钱的角逐。到必须拿定主意的那一刻，你会犹豫彷徨、无所适从吗？关键处、紧要时，你能当机立断、正确选择吗？有这样一个很有趣的故事：

传说，从前有一个神奇的仙子，它能决定深山中的花儿到底开什么颜色、开什么样子。

有一朵蓓蕾，它格外美丽，将其他同在等待绽放的蓓蕾都比了下去，它也深受仙子喜爱，仙子给了它自己选择开什么颜色的权利。

然而，几天之后，仙子却在山谷中发现了那朵已经干枯的蓓蕾，这是怎么回事？

原来蓓蕾一直拿不定主意到底开什么颜色，它想变成红色，又想变成蓝色，始终不知如何抉择。看到已经干枯的蓓蕾，仙子失望极了。

这朵蓓蕾为什么会凋谢？就是因为它什么都想得到，最终错过了花期。其实，我们人类何尝不是在重复着这样的悲剧呢？我们的一生，经常站在抉择的交叉路口，而且，很多时候，这些选择是单项的。例如，学业上，填报志愿时，你有两个都很喜欢的专业；就业后，你遇到了两份都不错的工作；到了适婚年龄，你周围的异性都让你很满意……当遇到多个选项，鱼和熊掌又不可兼得的时候，你有能力和魄力做出明智正确的抉择吗？

可能你会认为，摆在眼前的都是你所在意的，舍弃任何一个，都会让我痛苦。但你必须明白的是：只有果断地放弃其中之一，才会得到、拥有其中之一。只有做出选择，才不至于什么都得不到。选择是一门看似简单却十分有讲究的艺术。人的一生，就是一个不断进行选择的过程。选择的正误和效率，是一个人价值取向、思想水平、道德意识和判断能力的综合反映。

作为日本的企业经营之神，松下曾经决定投资15亿日元专门用于研究大型计算机的项目。在这个项目进行到第5年时，松下突然决定放弃这个项目。整个日本商界几乎都被松下的这个决定震惊了，因为松下的研究已经进入关键阶段，很快他们研制的大型计算机就可以进入市场。为此，几乎身边的每个人都在劝松下不要这样决定，但是松下却坚持自己的决定，不愿意改变。

松下为何突然做出这么重大的决定，而且这么固执呢？原来在做这个决定的几个星期之前，松下曾经与美国大通银行的副总裁进行过简短的沟通。在谈到电子计算机时，副总裁告诉松下，银行的客户中经营电子计算机的企业经济状况很差，前景堪忧。在听说日本有7家生产计算机的企业之后，这个副总裁更是觉得前景堪忧，因为对于小小的日本而言，7家计算机企业未免太多了。他告诉松下美国很多生产计算机的企业都在转行，这使松下马上意识到，如果不及时止损、停止项目的话，就会造成更大的损失。为此松下经过认真慎重的考虑，当即决定终止大型电子计算机的研究项目。后来的事实证明松下当时的决定是非常明智的，他把经营的重点放在电器和通信事业方面，最终创建了举世闻名的电气王国。

不管是做人还是经营企业，要想获得成功，一定要有所取舍。否则，如果太贪心的话，就会把摊子铺得过大，看似面面俱到，最终却会导致彻底崩盘。松下的决定告诉我们，有的事情是可以做的，有的事情是不能做的。在意识到危险的讯号之后，经过深思熟虑，舍弃就是必然的、无怨无悔的选择。

有选择就必须有舍弃，而舍弃，对每一个人来说，都是一个痛苦的过程，因为很多时候，一旦舍去，就意味着永远不再拥有，但是，不想舍去，想拥有一切，最终你将一无所有，这就是生命的无奈之处。如果你不放弃眼前的热烈，就无法享受花前月下的温馨……生活给予我们每个人的都是一座丰富的宝库，但你必须学会舍得，选择适合你自己应该拥有的，否则，生命将难以承受！

生活中，我们每个人都在走自己的路，在面临人生选择的时候，只有那些志向远大的人，才知道自己到底要什么，才能做出正确的取舍，把握自己的命运。因为只有远大的目标才是我们做抉择的衡量准绳。孟子曰：舍生取义，这是他的选择标准，也是他人生的追求目标。

在面临选择时，我们必须清醒地知道，我们需要什么，哪些才是对自己最重要的，哪些才是最适合自己的。

果断舍弃，集中精力做你真正想做的事

生活中的每个人，都要知道一点，我们的精力都是有限的，一个人即使能力再强，也不可能把所有事情都做得恰到好处，更不可能与每个人的相处都和谐融洽而又友好。因而在生命中，真正的智者能够取舍，他们知道哪些是生命中最重要的、不可舍弃的，也知道哪些是生命中不重要的、可以忽略的。只有忽略生命中那些不值一提的事情，我们才能集中时间和精力去做自己真正想做的事。

美国大名鼎鼎的哲学家威廉曾经说过，一个真正明智的人

总是懂得应该忽略什么的生活艺术。的确，人的时间和精力是有限的，生命是一场没有归途的旅程，谁也不知道自己的人生会在何时结束。既然如此，我们又为何把时间浪费在那些毫无意义的事情上呢？我们应该问清楚自己想在生命中得到什么，应该问清楚自己可以舍弃生命中的哪些东西。

戴尔·卡耐基根据很多人失败的经验得出一个结论："一些人失败的一个根本原因，就是精力分散，做不到专注。"托马斯·爱迪生曾说过："成功中天分所占的比例不过只有1%，剩下的99%都是勤奋和汗水。"这句话告诉我们做事需要专注，不腻烦、不焦躁、一门心思才能取得好的效果。

曾经有个心理学家让参加心理实验的对象在纸上写出自己最重要的很多东西，又让那些实验对象画掉对自己而言可以舍弃的一项，如此循环往复，当画到最后三项的时候，有些实验对象忍不住哭泣。他们觉得这些东西都是不可缺少的，不能舍弃的。然而，当真正把纸上的东西全部都画去，只剩下最后一项的时候，他们才发现原来自己唯一能够拥有的就是生命。既然如此，对于人生中那些匆匆而过的过客，还有什么必要投入太多的时间和精力呢？不仅对于单个人而言是如此，对一家企业甚至一个国家而言都是如此。这就像是在战场上对垒，真正明智的将军会让士兵把所有的火力集中起来攻打一个地方。只有这样，他们才能突破障碍，也才能救自己。如果士兵们把火力平均分散，那么最终的结果一定是被敌人消灭。

聪明人的人生是懂得取舍的人生，也是能够分得清轻重主次的人生，更是在关键时刻勇于舍弃的人生。把人生当成战场，把自己的时间和精力集中起来去做好一件事情，那么即使这个人资质平庸，也必然能够创造出与众不同的成果。

如果一个人觉得人生中的很多事情都不能舍弃，很多人都不能辜负，那么他就会变得很焦虑不安，对于人生会缺乏鲜明的态度，也不知道自己应该把精力和时间集中起来用在哪个方面。从古至今，大多数有所成就者都是懂得取舍的人。正如古人所说，鱼与熊掌不可兼得，既然如此，只有早做决定，才能得到鱼或者熊掌。如果总是一味地拖延做决定，那么最终会失去鱼和熊掌，毫无所获。

曾经有个虔诚礼佛的人，在一次追寻佛陀足迹的过程中，一不小心掉下了悬崖，所幸他抓住了一根树枝。此时，佛陀显灵了。佛陀告诉他，只有放掉手中的树枝，才能有活下来的机会。可是那个人却不肯放下，把树枝抓得很紧很紧。佛陀摇了摇头说："你不肯放手，任谁也救不了你。"

从前，上帝给了两个穷人拿到财宝的机会。这两个人听从上帝的指令，来到一座山洞前。进去前，上帝告诉他们，拿财宝的时间很短，拿到自己想要的一定要及时出来。他们满口答应了。其中一人进去后，拿了两块黄金就出来了。可另外一人一进去，就被满洞的金银珠宝惊呆了，他什么都想拿，却不知道该拿什么好，正犹豫间，山洞的大门紧紧地关闭了。

可见，有些选项看似诱人，但如果不适合自己，那就要果断舍弃。做出什么样的选择，要视自身条件和具体情况而定，要有主见，不能人云亦云。

有时候，我们选择的似乎只是处理问题的方式方法，但实际上却也是在对自己的人品、人格做出选择。选择必须考虑到社会效益，不能因一时之快或蝇头小利而失去做人的道德、良心和他人的信任。

忽略那些不值一提的人与事情，说起来是很简单的，实际上要想真正做到这一点却很艰难。因为人总是贪心的，欲望是人的本能之一。人人都知道应该舍弃，但只有突破内心的障碍，才能真正舍弃。正是因为如此，舍弃才是成功的智慧，才是真正的人生智者必须具备的品质。

一些看似无谓的选择其实是奠定我们一生重大抉择的基础。古人云："不积跬步，无以至千里；不积小流，无以成江海。"无论多么远大的理想、伟大的事业，都必须从小处做起，从平凡处做起，所以对于看似琐碎的选择，也要慎重对待，考虑选择的结果是否有益于自己树立的远大目标。

总之，人的一生需要我们放下的东西很多。如果不是我们该拥有的，那么我们就得学会放下。人生注定要经历多姿多彩的风景，唯有放下才具有别致的风韵。过去常听人说，人要懂得放弃。放弃是对事物的完全释怀，是一种高妙的人生境界。而放下则更具有丝丝缕缕的难舍情怀，是一首悠扬的乐曲，在每个人的心底奏起。

过度思虑，只会限制你的行动

在生活中，相信每个人都有自己的梦想或目标，也就是一个指引人们行动的方向，然而，最终能达到自己目标的人却是少数，大部分人还是庸庸碌碌过一生。究其原因，是很大一部分人缺乏立即执行的精神。他们在行动前，就开始产生焦虑：万一失败了怎么办，这样永远都不会有什么成功，只会与目标渐行渐远。成功者必定有着果断的执行力。可能一直以来，你认为自己是个勇敢的人，但真正到需要表现自己勇气的时候，却左右迟疑、不敢付诸实践。其实，这不是真的勇敢。因为勇敢不是停留在言语上，而是要放手去做的。

同样，在我们的现实工作中，一些人就是因为想得太多而迟迟不敢着手去做手头上的事，他们宁愿承认自己没有做到足够的努力，也不愿意承认自己能力不足，他们为自己寻找各种借口，到最后，他们就能名正言顺地不必承担失败的责任。

的确如此，我们之所以碌碌无为，不是因为我们的想法太少，而恰恰是因为我们的思虑太多。任何事情都有风险，就像股市里常年提醒股民“股市有风险，入市需谨慎”，即便如此，还是有一些胆大的人义无反顾地进入股市，或者赚得盆满钵满，或者输得倾家荡产。当然，我们并非鼓励大家都像赌徒一样冒进股市，而是说，在做投资或者尝试一件事情的时候，一旦想好了，就应该马上实践，而不要瞻前顾后、犹豫不决。

林伟大学毕业后，很偶然地进了一家大企业。不过，这家企业所招聘的岗位并不符合他的专业。当时，已经找工作几个月却处处碰壁的林伟再也不想像无头苍蝇一样乱撞了，他只想安定下来，以后再做打算。因此，他就接受了这份工作。

工作之后，林伟意外地发现，自己的同班同学李强居然也同时进了这家企业，而且是同一部门。两个大学同学意外地在一家企业的同一部门相逢，也真是够巧合的。工作几个月后，他们俩一起去吃饭喝酒。酒过三巡，两个人都有些醉了。林伟问李强：“你工作得快乐吗？”李强摇摇头，说：“不快乐。对我来说，这份工作只是暂时糊口的。我的理想是咱们的绘画专业，我一定要成为一名画家。”林伟很纠结地说：“其实，我来的时候和你的想法是一样的，暂时糊口，然后去实现自己的画家梦。不过。这家企业很大，待遇也不错，我担心万一辞职了，又像毕业的时候一样找不到工作怎么办？万一，我在绘画的路上没有发展，碌碌无为怎么办？如果我从事绘画事业

10年而毫无收获，那么损失就太大了，留在这个公司，10年之后，至少是个中层管理者，就已经步入小康了！”李强不以为然地说：“不管怎么样，我不能放弃自己的梦想。况且，你有什么好担心的呢，连我都要去完成画家梦，你要知道，你可是我们班的才子啊！”林伟久久没说话，似乎陷入了沉思。

半年之后，稍有积蓄的李强果然辞职了。他当了一名绘画工作者，收入比之前低了很多，但是每天都可以作画，做自己最喜欢也最擅长的事情。转眼之间，10年过去了，林伟在公司已经升任主任，过着拼搏得有时候甚至完全忘记绘画的生活。

一次难得的假期，林伟带着家人去法国旅行，无意间经过一个画展，不由得想起自己多年前的梦想。他情不自禁地走过去开始欣赏，突然，他看到一幅画的落款写着他熟悉的名字——李强。他当即拿起电话拨打给李强，果然，这幅画的确是李强所作，李强还邀请他参加下个月在成都举办的“青山绿水”个人画展。挂断电话，林伟茫然若失。近来，他常常觉得迷惘，生活需要的一切他似乎都有了，但是却再也没有时间拿起画笔。他到底得到了什么，又失去了什么？但有一点他很肯定，如果当时他和李强一样辞职，拿起心爱的画笔，那么他现在的成就一定不会比李强差。

很多时候，禁锢我们的并非外界，而是我们自己的内心。凡事都会有失去，也会有得到。没有人可以只得到，而从不失去。在权衡很多事情的利弊得失时，我们只需要想一想自己最想要的是什么，自己内心深处真正追求的是什么，就能够正确地做出取舍。世界上好东西多得很，那么多璀璨耀眼的成就，我们不可能全部拥有。那么，就珍惜我们生命中最宝贵的和我们深思熟虑之后最想做的。

不难发现，我们生活的周围，很多人都对未来做出了各种各样的构想，但真正执行的人，却少之又少。每每考虑到会有失败的可能，他们就退缩了。因为他们怕被扣上愚昧的帽子，遭到别人取笑；他们不敢爱，因为害怕不被爱；他们不敢尝试，因为要冒着失败的风险；他们不敢希望什么，因为他们怕失望……这种可能会遇到的风险，让他们畏首畏尾、举步维艰，他们茫然四顾，不知道自己的出路在何方。殊不知，如果你连第一步都不敢开始的话，你永远不可能看到追求人生目标之路上的风景。

总之，你需要记住，千里之行，始于足下；不积跬步，无以至千里；不积小流，无以成江海。凡事要想做大，都得从小处做起，从眼前最基本的事情做起。如果一个人心里有远大的理想，却不愿意一步一步去努力，那他永远也不会有美梦成真的那一天。

第 8 章

你若不去做，梦想只能是“梦”与“想”

有人说，我们的人生就如同一艘航行在大海上的船，虽然有时会一帆风顺，但也难免会遇到惊涛骇浪，能不能成功到达人生彼岸，完全取决于我们是否全力以赴奔向终点。所以，我们要想设计自己的人生，改变当下的命运，就绝对不能坐以待毙，不管你的梦想是什么，都马上去执行吧，只有这样，才能收获你想要的成果。

你不去做，梦想就只是美梦

一只鸟的翅膀再大，如果不努力振动，又怎能展翅高飞呢？一个人的才能再高，如果不努力拼搏，又怎能走向成功呢？一个国家的物产再丰富，如果不努力发展，又怎能屹立于世界民族之林呢？这一切都说明：再伟大的目标也要建立在行动的基础上。其实，对于梦想的实现也是如此，我们的内心深处都埋藏着一座宝藏，唯有行动，才能让我们释放潜能，让我们发光发热。

一些人可能说，要实现人生目标太难了，如果我们承认这点并止步不前，那么连实现的可能也不会有。没有行动的人只是在做白日梦，所以心动不如行动，勇于迈出行动的第一步，你成功的概率就会提高，光想不做，你将永远没有实现目标的可能。

然而，生活中我们看到的是，不少人似乎总指望着一夜梦想成真，殊不知，梦想从来不是梦+想这么简单，真正的梦想有高度、有野心，也需要每个人都脚踏实地、坚定不移地去拼搏和努力。否则，只停留在思想阶段的梦想，只会变成空想，最终消散得无影无踪，也不会对我们的人生有任何实际性的改变。

同样，现代社会，各种机遇充斥在我们周围，我们更要认识到行动的重要性，做到敢为人先。现代社会乃至未来社会，执行力就是竞争力，成败的关键在于执行。

人们常说好的想法是金点子，我们要说即便是再好的想法，假如始终停留在空想的阶段，也就变成了水中花镜中月，完全没有可能变成现实。人生中真正的强者从不坐等着命运的安排，而是会积极主动地展开行动，让自己拥有梦想成真的能力！

很久以前，有条毛毛虫做了一个奇怪的梦，它梦见自己来到高高的山顶上，俯瞰着整个山谷，身边是云淡风轻，还有美丽的花朵和青青的绿草。当它从梦中醒来之后，就开始坚持不懈地朝着山顶爬去。一只蝗虫遇到毛毛虫，问：“小老弟，你这是要去哪儿啊？”毛毛虫骄傲地说：“我要去山顶看风景。”蝗虫觉得不可思议，因而大声阻止毛毛虫：“你疯了吗？哪怕是一个小小的水坑都会阻止你，你怎么可能到达高高的山顶呢！”毛毛虫没有理会蝗虫的阻止，继续努力朝前爬去。

它爬啊爬啊，突然，一只蜣螂问：“毛毛虫，你这是要去哪儿？”毛毛虫气喘吁吁地说：“我要爬到山顶，像在梦里一样看到山谷的风景，看到整个世界。”蜣螂不以为然地笑着说：“我这么强壮，也不敢像你这样口出狂言！你可真是不知天高地厚啊……”毛毛虫依然坚持不懈地朝前爬去。在接下来的旅程中，它还遇到了鼹鼠、蚯蚓、青蛙等好朋友，它们纷纷劝说毛毛虫不要做无用功，不如乖乖地回到家里享福吧！然而，它们丝毫不能动摇毛毛虫的决心，毛毛虫爬了很久很久，终于觉得累了，于是它为自己建造了一个小小的家——蛹。毛毛虫“死”了，闻讯赶来的朋友们全都悲伤不已，它们环绕在毛毛虫身边，想念着可爱的毛毛虫。然而，正当它们伤心欲绝时，蛹居然慢慢地绽裂开，一只美丽的蝴蝶从蛹里钻出来，拍打着翅膀，朝着高高的山顶飞去。

为了实现自己的梦想，毛毛虫从睡梦中醒来之后就开始了坚持不懈的努力。尽管它的身躯很柔弱也很弱小，但是它始终朝着梦想的方向不断前进，直到生命耗尽，变成了一个蛹，它依然没有放弃自己的梦想。化蛹成蝶的毛毛虫依然坚持着自己的梦想，朝着高高的山顶飞去，这样一来，它就真正实现了人生的梦想。

很多人总觉得还有时间去为梦想奋斗，也觉得自己的准备还没有做好。殊不知，梦想只有当即变成现实，才可能不断激励和鞭策我们。否则，即便是再好的想法，就像是刚出锅的饺子一样如果变凉了，也就失去了成功的最好时机。

人是感情动物，当一个新的想法萌生之时，一定是满怀热情、非常积极的。因而，我们必须抓住这个最富于激情的时机尽快展开行动，从而才能保证绝不拖延。相反，倘若我们在有了想法之后不断地拖延，最终就会导致热情耗尽，也许还会因为失去积极主动性导致人生延误。

生活中，人们都想成功，但却很少有人愿意为成功付出努力。那些成功者之所以会成功，是因为他们即使害怕也会行动，大多数人正是因害怕而没有作为。约翰·沃纳梅克——美国出类拔萃的商业家这样说过：“没有什么东西你是想得到就能得到的。”成功的人与那些蹉跎人生的人的最大区别，就是——行动！如果你追溯那些成功人士的奋斗之路，你就会感叹：“难怪他会做得这么好！”怎么样的行动才能获得最大的成功呢？是马上行动！只要你敢于迈出别人不敢迈的那一步，你就能比别人快“半拍”，就能成为第一个吃螃蟹的人。

总之，人生在世，每个人都有自己的梦想，也会有很多随时迸发出来的想法。为了把这些想法变成现实，我们必须付出卓绝的努力，唯有如此，我们才能真正拥有丰富多彩的人生。

立即去做，才能快人一步

生活中，有人实现了自己的梦想，最终拥有成功的人生；有些人，则因为各种各样的原因最终放弃了梦想，导致人生一事无成。其实，每个人的客观条件都相差无几，而且每个人的梦想也应该是能够实现的，之所以最终出现如此大的偏差，就是因为人们对待梦想的态度和行动力不同。

能够实现人生梦想的人，首先他们的梦想是可行的，也是能够通过努力实现的；其次他们都有马上展开行动的决心和毅力，因而他们总是能够在第一时间把梦想变成现实。与他们恰恰相反，那些人生平庸、碌碌无为的人，并非是因为梦想不够远大，也不是因为能力不足或者水平不够，最关键的原因在于他们没有在梦想诞生的那一刻，就付出相应的行动，最终导致贻误了实现梦想的最佳时机，也在无尽的拖延中耗尽了自己的热情。

所以，可以说，我们树立梦想、确立目标固然重要，但为梦想付出行动更重要。这不是验证梦想的可行性，也不是自我设限，自己先把自己给否定了，而是要脚踏实地地去做，哪怕失败了，也能收获经验教训，这才是最重要的。偏偏很多人意识不到这一点，在树立目标之后，只顾着瞻前顾后、犹豫不决，唯独忘记只有切实行动、真正开始，才能距离目标得以实现更进一步。也许有些人会说，“我之所以止步不前，是因为条件还不具备，思虑也不够成熟”，那么试问你何时才能把凡事都想好，何时才能在人生之中拥有更多的可能性呢?

和鲁莽的行动相比，更可怕的是因为思虑过于周全，导致杞人忧天，导致原本有可能做成功的事情完全没有可能实现。所以说，想得再早也没有用，唯有立即执行，才能真正快人一步。偏偏很多人意识不到在树立梦想后，下一步的行动方向是至关重要的，行动速度更是会决定到底是成功还是失败。

索尼(SONY)，是日本一家全球知名的大型综合性跨国企业集团。索尼是世界视听、电子游戏、通信产品和信息技术等领域的先导者，是世界最早便携式数码产品的开创者，是世界最大的电子产品制造商之一，世界电子游戏业三大巨头之一，美国好莱坞六大电影公司之一。

从20世纪50年代开始，索尼公司就不断推出一些市场上不曾有过的产品，如电晶体收音机、电晶体个人专用电视机等。索尼在市场上一直具备先锋带头作用，它研发出来的每一种产品，都会成为其他企业模仿的对象，所以，要想保持在行业内的优势，就必须不断创新。

一次，公司总裁盛田昭夫来到公司，看到一个员工手上拿着一个手提式录音机，好像不大高兴的样子。盛田昭夫问他有什么心事，他说：“喜欢听音乐，可提着听太不协调了。”于是一个创意很快来到盛田昭夫的脑子里——制一个随身能够听的录音机。在一次产品策划会议上，盛田昭夫的这个创意普遍不受欢迎，但盛田昭夫坚持尝试。不久，第一架带着小型耳机的实验品送来了，灵巧的尺度与高品质的音效使他很开心。1979年索尼推出第一台随身听。

很快，市场证明盛田昭夫的决定是明智的，这类小型收音机简直是供不应求，并且，它借助广告来刺激销售，还试制了不同机型如防水、防尘机型，甚至有更多改良的机器型号。当然其效果是明显的，如著名指挥家卡拉扬、音乐名家史坦恩都找盛田昭夫订购。也许正因为如此，索尼公司才跻身于全世界最大耳机制造商之林，在日本也占有将近50%的市场。

这样一个全新的市场，还担心别人的竞争吗？在他人已经涉足甚至做得如火如荼的行业里努力，远不如独自开辟一个市场更容易成功。比尔·盖茨曾经说过：“微软处处领先，我能成为世界首富，靠的就是不断的更新。我们要做第一个吃螃蟹的人，就要保证我们自己而不是别的什么人将我们的产品更新换代。对于一个企业来说如此，对个人来说也是如此。”

有人说，只要开始，就不算晚。的确，开始的时间有先后和早晚，但是相比起那些磨磨蹭蹭不愿意开始的人来说，何时开始都是值得赞许的。正如人们常说的，既然哭着也是过一天，笑着也是过一天，我们为何不选择笑着度过人生的每一天呢？同样的道理，既然早晚都要行动，我们为何不早些行动，也让人生拥有更大成功的可能性呢？现实生活中，很多人都有拖延的毛病，他们或者因为恐惧改变，或者因为不愿意当机立断展开行动，所以总是无限地拖延下去。殊不知，行动的时机很重要，任何人都不可能只凭着想象就获得成功。

对于每个人而言，最大的成功是当机立断展开行动。有的时候，我们看似面临困境，而切实展开行动时，才会发现在行动过程中，那些看似解不开的困局就迎刃而解了。所以朋友们，不要一味地杞人忧天，也不要过度未雨绸缪。当不知道自已接下来该做什么的时候，只管按部就班地去做，怀着真诚的心态勇敢面对人生，也许就会在人生中拥有意外惊喜的发现。

当然，我们必须承认，每个人追求梦想的道路都不是顺遂如意的，很多成功者为了实现人生的梦想和远大的目标而不懈奋斗，他们并非不会感到疲惫，而是哪怕在已经拼尽全力的情况下，也依然能够勇往直前、绝不懈怠。

所以朋友们，虽然作为普通人未必有机会出人头地，但是我们也必须树立正确的理念，拥有坚定不移的信念和意志，这样才能激发出自身所有的潜能，也才能摆脱平庸，渐渐获得成长和进步。记住，所谓的精英和天才都并非天生的，而是在人生努力的过程中不断地积累才能持续地提升和完善自己，才能为自己的人生创造更多的奇迹。从现在开始，让我们用梦想点燃人生的希望，让我们以行动迈出走向成功的第一步吧！

从现在开始，为梦想走出安逸的舒适圈

前面，我们已经分析过，行动对于实现梦想的重要性，一些人也表示自己想改变现状，想实现梦想，但是他们却宁愿过着按部就班的生活，当一天和尚撞一天钟。这样，不但无法成就精彩的人生，而且会使我们的人生永远陷入低谷之中，永无出头之日。如此深刻的绝望，必然对我们的人生造成伤害。

相反，那些取得一番成就的人，无不是不断拼搏和自我超越的。毋庸置疑，每个美好的人生都并非从天而降，只有当我们不断奋斗、坚持不懈、持之以恒，而且能够咬牙走过坎坷泥泞时，我们才有可能迎来人生的辉煌。

曾经有一个科学家进行过一项奇怪的实验。他把一只青蛙放入沸水中，青蛙马上就从沸水中跳出来逃生。他又准备了一锅冷水，把青蛙放入其中，在冷水锅下燃烧起微弱的小火苗，持续地加热。这一次，青蛙感觉水温很舒服，根本没有想跳出来的意思。它在水中自由地游来游去，等到发现水温越来越热想要逃离的时候，却根本没有力量跳出来。根据这个现象，有心理学家提出温水煮青蛙的理论。意思就是说，对于人而言，越是困厄的逆境，反而越是能够激发人的斗志，让人迸发出潜能，获得良好的成长；而如果一个人已经习惯生活在安逸之中，那么他的斗志就会被消磨，他甚至根本不想去改变，最终，他的人生也就注定碌碌无为。

古人云，生于忧患，死于安乐，正是这个道理。在古代，司马光在创作《资治通鉴》的时候，废寝忘食，根本不舍得浪费宝贵的时间去睡觉，只有实在困得不能支撑下去时，他才会小睡一会儿。然而，温暖舒适的床，使得他总是不知不觉间就睡得太久。为此，司马光为自己准备了一个圆木做成的枕头，这样一来，一旦他睡熟，枕头就会滚到一边去，他也自然就可以醒来继续写作。艾默生也曾经说过，如果一个人躺在舒适的软垫上，很容易就会睡着。由此可见，要想努力奋斗，就不能让自己过得太过安逸舒适，而是应该时刻警醒自己，激发自己的潜能。

结婚生子之后，小叶就一直是一名全职家庭主妇，丈夫在一家企业当基层领导，日子倒也安逸。但小叶一直想自己做点事，她认为总待在自己的舒适圈里并不是长久之计。所以，上个月孩子上幼儿园后，她就开始琢磨起未来的人生之路。

思来想去，她想起了从小以来的梦想，那就是拥有一家书店。在这个书店里，既有满室的书香，也有咖啡的香气，每个爱读书的人，既可以买书，也可以坐在旁边的桌子旁喝一杯浓香的咖啡，静静地看书，还可以在书店里随处可见的坐垫上席地而坐，以自己最舒服的姿势看书。

小叶想到就要去做，她当即把想法告诉了丈夫，但是丈夫并没有给予小叶的梦想以理解和支持，他当即表示反对。

虽然没有得到丈夫的全力支持，但是小叶却坚持自己的想法。她拿出结婚之前积攒的私房钱，开始四处寻找合适的店面。然而，在经过一番预算之后，小叶觉得私房钱根本不够支撑起一家书店，她只能再次向丈夫求救。这次，小叶的态度很鲜明。虽然丈夫不赞同小叶开书店的想法，但还是给予了小叶大力的经济支持。经过半年的准备之后，小叶的书店终于开业了。书店开业之后生意非常清冷，小叶感到很失落。

一个偶然的机会，她和同学在一起讨论如何经营好书店，同学提出一个很好的主意。毋庸置疑，这个主意能够吸引很多人的眼球，但是小叶却很担心营销的成果。为此，小叶总是忧心忡忡、犹豫不定，不知道是否应该继续投入大笔的金钱，为书店起死回生殊死一搏。经过几天的痛苦思考之后，小叶还是没有能够做出果断的决定。看到小叶如此心神不宁的样子，丈夫了解到原因，问小叶："你愿意现在就放弃书店吗？"小叶坚定不移地摇摇头，丈夫说："那从现在开始就勇敢地去做吧，只有在做的过程中，你才会知道做完之后能够得到怎样的结果。否则，你就会错过此时把握着的好机会。"小叶感到很惊讶，因为丈夫并不支持她开书店，现在却对她表示大力支持，这到底是为什么呢？丈夫似乎看穿了小叶的心思，当即安慰小叶："我并不是不支持你，只是觉得要做一件事，就要把它做好！"就这样，在丈夫的支持下，在同学的建议下，小叶为书店的宣传又投入大笔的资金。最终，营销的反馈居然很好，小叶悬着的心这才放下来。原来，很多事情只有真正去做了，才知道结果如何。

在这个事例中，小叶是个说做就做的人，她走出家庭、走出自己的舒适圈，这样的魄力值得很多人学习，虽然过程有些艰难，但她做到了全力以赴，最终获得了想要的成果。

人的本能都是趋利避害的，每个人都想过着安逸舒适的生活，然而，流水不腐户枢不蠹，人只有动起来，才能戒掉懒惰的坏习惯，让自己充满活力。记住，也许你此刻贪图安逸，但是未来你就会远离梦想。要想真正地实现梦想，就必须时刻保持警醒，也始终对于人生全力以赴。现代社会中要想占有一席之地的确很难，压力也很大，但依然会有强者脱颖而出。所以要想实现梦想，最重要的就是让自己努力振奋，持续增强自身的实力。唯有如此，才能在人生的道路上不断地进步，实现梦想，成就自我！

专心致志，始终朝着目标前进

人生在世，要想有一番成就，就必须要努力，就必须专注。而专注，通俗点说就是少想多做，努力向前。我们发现，那些攀岩成功的人都有个共同特征，那就是他们不会三心二意、左顾右盼，也不会向下看，他们会一直努力地攀登，这样，尽管脚下是万丈悬崖，他们也不会害怕。可见，如果我们希望成就一番事业，就必须做到内心淡定，始终朝着目标前进。很多成功者在经历种种磨难后，回望身后的辛酸血泪之路，都会发现，真正内心淡定的人才是最后的赢家。

18世纪早期就读于牛津大学的圣·里奥纳多在一次给校友福韦尔·柏克斯顿爵士的信中谈到他的学习方法，并解释自己成功的秘密。他说：“开始学法律时，我决心吸收每一点获取的知识，并使之同化为自己的一部分。在一件事没有充分了解清楚之前，我绝不会开始学习另一件事情。我的许多竞争对手在一天内读的东西我得花一星期时间才能读完。而一年后，这些东西，我依然记忆犹新，但是他们，却早已忘得一干二净了。”

的确，成功者之所以成功，就是因为他们在专注的过程中，经过了沮丧和危险的磨炼，才造就了成功。在每一种追求中，作为成功之保证的与其说是卓越的才能，不如说是追求的目标。目标不仅产生了实现它的能力，而且产生了充满活力、不屈不挠为之奋斗的意志。因此，意志力可以定义为一个人性格特征中的核心力量，概而言之，意志力就是人本身。它是人的行动的驱动器，是人的各种努力的灵魂。真正的希望以它为基础，而且，它就是使现实生活绚丽多姿的希望。在伯特尔修道院镌刻着一条关于破碎的头盔手工艺格言：“希望就是我的力量。”这条格言似乎与每个人的生活息息相关。

然而，出现在我们周围的干扰因素太多，能抵抗干扰是一种意志和信念的较量。这更需要我们培养自己的专注力，无论做什么事，我们都要尽量做到“充耳不闻”，少想多做，才能训练自己的专注力，才能一步一步进行自己的计划。我们先来看下面一个故事。

孔子带领学生去楚国采风。他们一行从树林中走出来，看见一位驼背翁正在捕蝉，他拿着竹竿粘捕树上的蝉，就像在地上拾取东西一样自如。

“老先生捕蝉的技术真高超。”孔子恭敬地对捕蝉翁表示称赞后问：“您对捕蝉想必是有什么妙法吧？”

“方法肯定是有的，我练捕蝉五六个月后，在竿上垒放两粒粘丸而不掉下，蝉便很少有逃脱的；如垒三粒粘丸仍不落地，蝉十有八九会捕住；如能将五粒粘丸垒在竹竿上而不掉下，捕蝉就会像在地上拾东西一样简单容易了。”捕蝉翁说到此处，捋捋胡须，严肃地对孔子的学生们传授经验。

他说：“捕蝉首先要学练站功和臂力。捕蝉时身体定在那里，要像竖立的树桩那样纹丝不动；竹竿从胳膊上伸出去，要像控制树枝一样不颤抖。另外，注意力高度集中，纵然天大地广、万物繁多，在我心里只有蝉的翅膀，我专心致志，神情专一。精神到了这番境界，捕起蝉来，还能不手到擒来、得心应手吗？”大家听完捕蝉翁捕蝉的经验之谈，无不感慨万分。

孔子对身边的弟子深有感触地说：“神情专注、专心致志，才能出神入化、得心应手。捕蝉翁讲的可是做人办事的大道理啊！”

捕蝉翁捕蝉的故事向我们昭示了一个真理：凡事专心致志、心无旁骛，才能出色地完成任务，把工作做好做到位，进而取得成功。

我们每个人在为目标奋斗时，都要做到循序渐进、稳扎稳打。为此，有以下几点建议。

1.不要同时做两件或两件以上的事

计算机能同时运行两个甚至更多的程序，但我们却不能“一心二用”，认为自己可以同时处理很多事是一种误区，做好事情的前提是专注。然而，我们发现，有一些人，他们一边学习，一边看电视，或者一边做策划案，一边上网。试想，怎么能聚精会神呢？如此自然不能集中精力去做事，久而久之，便养成了一心二用的坏习惯。

所以，你必须克服这一缺点，做事时就专心做事，休息娱乐时就放松自己。经过一段时间，你会发现，自己无论做什么事，都专注多了，而最重要的是，效率也提高了很多。

2.拟订做事计划

无论是学习还是其他事情，都不要把注意力过分放在整件事情上，而应该先拟定一个切实可行的计划，并努力做好第一步，再努力做好第二步、第三步……如此各个击破，最终达到自己的目标。

3.善于总结

无论做事的效果怎样，只有做到及时总结，才会及时反省，尤其是对于错误和失败。要知道，成功出于自错误中学习，因为只要能从失败中学得经验，便永不会重蹈覆辙。失败不会令你一蹶不振，这就像摔伤腿一样，伤口总是会愈合的。大剧作家兼哲学家萧伯纳曾经写道：“成功是经过许多次的大错之后得到的。”

4.要有追求完美的心态

“没有最好，只有更好”，十全十美的事做不到，也不存在，但你首先应该有一个追求完美的心态。“取法其上，得其中也；取法其中，得其下也；取法其下，不足道也。”只有与时俱进，以高标准的要求和精益求精的态度，聚精会神抠细节，才能实现突破。

总之，生活中的人们，你应该记住，无论做什么事，要想提高效率，就不要把注意力过分放在整件事情上，而应该将整件事情分解为若干个小目标，逐一去完成，这样就会最终达成自己的目标。

第9章

厚积薄发，没有实力何谈梦想

我们都知道，现在是一个靠实力说话的时代，你有了实力，梦想才有实现的可能；你有了实力，才能展现自己的价值，最关键的是可以获得幸福感。因此，我们只有从现在起，做到厚积薄发，努力学习，积累知识和成功的资本，才会认识到体内所蕴藏的巨大能力，才能最终实现自己的梦想。

梦想，就是好习惯的积累

拿破仑·希尔说：“播下一个行动，你将收获一种习惯；播下一种习惯，你将收获一种性格；播下一种性格，你将收获一种命运。”事实表明，习惯左右成败，习惯改变人的一生。一句话，成也习惯，败也习惯。同样，习惯对于人生梦想的实现起着至关重要的作用。

现实生活中，相信每个人都有自己的梦想，并渴望成功，而最终能成功的人只不过是极少数，大多数人只能与成功无缘。他们不能成功是因为他们往往空有大志却不肯以高标准要求自己，任由坏习惯侵袭自己的意志力，他们懒惰、贪图享乐，这样的人怎么可能实现梦想？

因此，我们可以说，梦想的实现，其实是一系列好习惯的积累。生活中的人们，如果希望实现人生梦想，就要养成一些令我们受益终身的好习惯，那么，从现在起，就要在日常生活中有意识地训练自己。因为一般说来，习惯可以在有目的、有计划的训练中形成，只要你做到坚持，长此以往，好习惯自然就会悄悄形成。

古时候，有个学问家叫孟轲。他刚上学的时候很用心，写字一笔一画，很工整。不久，他觉得学习太辛苦，不如在外面玩耍快活。于是，他逃学了，常到山坡上去玩，好开心啊！

一天，他回到家里，正在织布的妈妈问他："怎么这么早就放学了？"他只好承认逃学了。妈妈生气地说："我辛辛苦苦织布供你读书，你却逃学，太没出息了！"小孟轲连忙给妈妈跪下。

妈妈拿起剪刀，一下子把没织完的布剪断了，说："你不好好读书，就像这剪断的布，还有什么用处！"

小孟轲哭着说："我错了！今后再也不贪玩了。我一定好好读书！"从此，小孟轲勤奋学习，从不偷懒。后来他成了著名的大思想家。

孟轲为什么能成为著名的大思想家？这来自他能认识到自己的错误，能做到自控，克制自己不再贪玩、努力学习。的确，生活中，人们常说："习惯成自然。"学习也是如此，刚开始的时候，我们可能需要克服来自外界和自身的一些干扰，久而久之，一旦我们养成勤奋好学和专注于学习的习惯，一切积极的做法就水到渠成了。

的确，任何一个习惯一旦养成，它就是自动化的，如果你不去做反而会感觉很难受，只有做了才会感觉很舒服。因此，关于好习惯的培养，你不妨给自己制订一个计划，用日程本记下自己执行计划的过程。那么，21天后，你将养成好习惯，坚持21天，你就会成功。坚持21天，就能改变你的意识、影响你的形为，为你带来超乎想象的成功。你又何乐而不为呢？

那么，生活中的人们，该怎样主动去培养那些通往成功的好习惯呢？

1.变懒惰为勤奋

从古至今，我们发现，任何一个能做到99%勤奋的人都能最终取得成功。李嘉诚就是最好的例子。

有位记者曾问亚洲首富李嘉诚："李先生，您的成功靠什么？"李嘉诚毫不犹豫地回答："靠学习，不断地学习。"不断地学习知识，是李嘉诚成功的奥秘！

李嘉诚勤于自学，在任何情况下都不忘记读书。青年时打工期间，他坚持"抢学"，创业期间坚持"抢学"，经营自己的"商业王国"期间，仍孜孜不倦地学习。李嘉诚一天工作十多个小时，仍然坚持学英语。早在办塑料厂时他就专门聘请一位私人教师每天早晨7点30分来给他上课，上完课再去上班，天天如此。当年，懂英文的中国人在香港地区是"稀有动物"。懂得英文，使李嘉诚可以直接飞往英美等国，参加各种展销会，直接与外籍投资顾问、银行的高层打交道。如今，李嘉诚已年逾古稀，仍爱书如命，坚持不断地读书学习。

人不可能随随便便成功，李嘉诚向每个渴望成功的人展示了这个道理。可能你会惊羡于李嘉诚式的成功，但却做不到李嘉诚式的努力与勤奋。那么，你不妨问问自己：我做到99%的勤奋了吗？如果你的回答是否定的，那么，你就知道症结所在了。也许，有些人会说，我不够聪明。实际上，即使智慧，也源于勤奋。没有人能只依靠天分成功。自身的缺点并不可怕，可怕的是缺少勤奋的精神。勤奋面前，再艰巨的任务都可以完成，再坚定的山都会被“移走”。滴水能把石穿透，万事功到自然成。唯有勤劳才是永不枯竭的财源。

2.养成读书的习惯

除了你在学校里学习的书本知识外，你还应多阅读课外书籍，多读书最大的好处是增长知识、陶冶性情、修养身心。

3.让好奇心引导你探求知识

可能你觉得现在的你已经懂得很多知识，但事实真的如此吗？退一步讲，人生的知识并不是全在书本上，你真的对周围生活和自然以及各个方面都了如指掌吗？如果你觉得自己什么都懂，你多半不会是一个谦虚的人。实际上，越是知识渊博的人越是发现自己知道得少，培养好奇心可以达到同样的效果，越是充满好奇越是对未知充满敬畏，也就越谦虚。

4.勇于创新

一个人如果骄傲自满，那他很快就会被别人超越，只有进步才能使他获得更强的竞争力。然而，没有创新就不可能进步。因此，你应该将自己的求知欲望和求知兴趣激发出来，鼓励自己多参与动脑、动手、动眼、动口，使自己善于发现问题、提出问题，并尝试用自己的思路去解决问题。

5.要有坚定的决心和持之以恒的毅力

这是老生常谈的话题，但依然重要。那么，如何做到中途不放弃？你要有良好的心态，乐观的精神和自信心。很多人选择目标后又中途放弃，就是因为觉得坚持这么久，没有成果，觉得自己学的知识没有用。其实，条条大路通罗马，既然选择了自己的路，就要毫不犹豫地走下去，一直在原地徘徊，犹豫不决，不知是否该前进，只能让时间白白流走而已。

当然，任何习惯的改变和形成，都是艰难的，但只要我们经历一段时间，一旦习惯形成后，它就会成为一种自动化的、下意识的行为反应了。

不断学习，梦想需要真功夫

随着社会的发展、时代的进步，越来越多的人开始认识到梦想对于行动的重要性。然而，无论是谁，都不要奢望不劳而获。一个人如果从来不曾努力，是没有资格奢求成功的。在人生的道路上，人人都必须非常努力进取，才能点滴积累，让自己拥有更多的成功资本，从而获得成功。为此，人们常说，命运只会垂青那些为梦想拼搏到底的人。

在为梦想奋斗的过程中，最为重要的是稳扎稳打学好各种知识，才能从容地面对各种挑战。否则，只顾吃喝玩乐，不干正事，不务正业，那么，只能是“书到用时方恨少”“少壮不努力，老大徒伤悲”了。

著名政治家、科学家乔纳森·威廉斯说：“不管你有多么伟大，你依然需要提升自己，如果你停滞在现有的水平上，事实上你是在倒退。”

美国前总统威尔逊出生在一个贫苦的家庭，当他还在摇篮里牙牙学语的时候，贫穷就向他露出狰狞的面孔。威尔逊10岁的时候就离开了家，在外面当了11年的学徒工，每年只能接受一个月的学校教育。

在经过11年的艰辛工作之后，他已经设法读了1000本好书——这对一个农场里的孩子来说，是多么艰巨的任务啊！在离开农场之后，他徒步到100英里之外的马萨诸塞州的内蒂克去学习皮匠手艺。

在他度过21岁生日后的第一个月，就带着一队人马进入人迹罕至的大森林，在那里采伐圆木。威尔逊每天都是在天际的第一抹曙光出现之前起床，一直辛勤地工作到星星出来为止。在一个月夜以继日的辛劳努力之后，他获得了6美元的报酬。

在这样的穷途困境中，威尔逊暗下决心，不让任何一个发展自我、提升自我的机会溜走。很少有人能像他一样深刻地理解闲暇时光的价值。他像抓住黄金一样紧紧地抓住零星的时间，不让一分一秒无所作为地从指缝间白白流走。

12年之后，他在政界脱颖而出，进入国会，开始了他的政治生涯。

威尔逊是世人瞩目的对象，而他的成功，就是勤奋学习的结果。学习是向成功前进的营养元素。当今社会，竞争的日益激烈告诉我们每个人，只有知识才能改变命运，只有学习才能突破自我，才能具备竞争力。

细心的人会发现，那些优秀的人往往保持着学习的态势，并且，他们总是积极主动地提升自己，这样，才获得了更多的赏识和成功。

闫伟是一个从山里出来的大学生，全家人倾其所有供他读书，所以他比谁都更珍惜这来之不易的读书机会。

尽管家境贫困，但是他从不自卑，也不自暴自弃。在学校里，他穿的衣服虽然很旧，但是每一件都洗得泛白，干净整洁；他虽然无法从父母那里得到足够的学费和生活费，但是他宁愿四处兼职，或者向学校申请助学贷款，也不愿意作为贫困生得到补助；面对同学们丰富多彩的业余生活，他因为没有钱消费，每到节假日就乖乖地留在学校的图书馆里看书，开阔自己的眼界，丰富自己的知识；即便是寒暑假，他也很少回家，而是留在学校继续读书学习……就这样，四年大学生涯结束，他不但学识渊博，而且积累了丰富的工作经验。尤其是大四那年，他赚取的钱已经能够在自给自足之余，帮衬家里了。

大学毕业后，闫伟找了一份简单的工作，但他并没有放弃努力，他一边工作，一边准备考研。最终他成功地在毕业一年后考取了研究生，而且因为专业对口，还得到了公司的全额资助。

如此一来，闫伟的人生猛然跨上一个台阶，从此与众不同。毕业5年的同学聚会上，研究生毕业的闫伟已经是一家生物公司的副总了，大家都对他的勇敢拼搏、不懈进取佩服得五体投地。

没有任何抱着混饭吃思想的人，能够成就非凡的人生。事例中的闫伟尽管人生的基础薄弱，甚至在很多方面都不如同学有得天独厚的条件，但是他却始终奋发进取，最终反而后来居上，以显赫的成就跃居大多数同学之上。这就是努力奋斗的人生，也是璀璨辉煌的人生。

有人说，没有谁能随随便便成功，那些失败者，他们往往空有大志却不肯低下头、弯下腰，不肯静下心来努力学习、从身边的本职工作开始积聚自己的力量。要知道，只有一步一个脚印，踏实、不浮躁地学习，才能为成功奠定基础。实际上，这正是生活中的不少人所欠缺的，有些时候，他们总是怨天尤人，给自己制订那些虚无缥缈的终极目标。而每一个成功者，他们的成就都不是一蹴而就的，他们成功的不变因素都是努力学习。

在很多人的心目中，学习就是不断获得更高的学历，其实不然，因为人应该全方位发展，而决定我们身价的并非只有学历，因而，我们应该从多方面提升自己，包括学历、知识、内涵，也包括仪表、价值、心态、工作能力和社交能力等。总而言之，自我价值应该符合社会对人才的多元化要求，也应该符合我们自身的情况。现实生活中，很多人都以自我为中心，一旦自身价值受到损害，就会抱怨连天，抱怨命运不公，抱怨他人的阴谋诡计，却唯独忘记从自身出发，考虑问题究竟出在哪里，如何才能更好地弥补损失。

的确，在瞬息万变的当今社会，真正的危险不是经验的不足，而是故步自封，跟不上时代的步伐。一个人要想成功，勇气、努力都必不可少，但更重要的是，人生路上要懂得与时俱进，要懂得不断收集各种资讯，使自己对环境和所追求的事业的方向有更充分的了解。因为一个人只有了解得越多，才越有应变的能力。

没有实力，何谈梦想

对于梦想，每个人都有不同的理解。有的人觉得梦想就是努力去想，因此他们对于梦想从未真正付诸实践，而常常是头一天去想，后一天又一切如常。也有人觉得梦想就是要当机立断努力去拼搏，才有实现的可能。的确如此，一切看似伟大的梦想，最终都要落到实际行动上，这样才能切实朝着梦想推进，让自己距离梦想越来越近。

然而，梦想终归不是做一个梦，或者不负责任地想一想就能实现的。一个人要想实现梦想，就一定要有实力，也要抓住机会，更要付诸行动。否则，如果只有梦想，而从来不努力去做，更不想发挥自身的才华去支撑起梦想，则梦想一定会变成空想，甚至因为时光的流逝而变得再也没有实现的机会和可能性。

要想配得上梦想，就要努力奋斗，也要发挥自己所有的力量。一个能够轻易实现的想法，绝对不是梦想。真正的梦想，或许被人嘲笑，或许会让你无力承受，但这才是梦想的本质：远大，还带着那么点儿不切实际的意味。在实现梦想的道路上，一定会遇到很多的坎坷与荆棘，也有人会因为遭遇挫折和磨难，而放弃梦想，当然，这样的人是无缘成功的。要想在梦想的道路上砥砺前行，必须足够坚强，有着强大的内心，也有着过人的才华。当你的实力可以支撑起梦想，你会觉得自己的所有努力都有意义，所有的付出都没有浪费。

在不少人眼里，思思是一个努力的女孩，她几乎一年365天都在工作。几年前，她看起来还有点婴儿肥，现在却摇身一变成了纤瘦励志女神。当然，思思的变化不仅仅在外表上，她还陆续推出了有影响力的作品，能力也得到大家的认可，可以说思思已成为圈内的劳模代表。

但是，面对这些变化，思思却说："我希望努力度过每一天，做最棒的自己，努力是我一个很好的开始。"

其实，思思从来没有想过自己将来会成为活跃在大荧幕上的明星。小时候思思的父母对她要求很严格，让她学画画、硬笔书法、弹琵琶等，涉猎广泛，在这个过程中思思慢慢明白努力有多么重要。父母经常对思思说："你可以不是第一名，但你一定是最努力的那一个。"所以，一直以来思思都坚信"越努力越幸运"，她希望通过自己的努力赢得一次又一次的好运。她说："加倍努力，终于让我化茧成蝶。"

在实现人生梦想的过程中，唯有努力才是真刀实枪的本事。努力的人，不用去寻找好运，因为他就是好运。越努力越好运，这确实是一个成功的奥秘。努力本身带给我们有益的东西远远大于成功，在努力的过程中，不断磨炼，不断尝试，到成功那一天，所有的努力都会聚沙成塔，成就自我。

在哈佛大学有一句名言："请享受无法回避的痛苦，比别人更早更勤奋地努力，才能尝到成功的滋味。"自古以来许多卓有成就的人，大多是抱着不屈不挠的精神，忍耐枯燥与痛苦之后，从逆境中奋斗挣扎过来的。

有人问洛克菲勒："你成功的秘诀是什么？"对此，他有两句座右铭，一句是"你要不是赢家你就是在自暴自弃"，一句是"勤奋出贵族"。

美国南北战争期间，有很多人和洛克菲勒一样投入挖掘财富宝藏的大潮中，最后，洛克菲勒成功了，很多人却失败了。机会都是平等的，那么为什么会产生不同的结果呢？"为什么我能抓住机会成为巨富，而很多人却与机会擦肩而过、不得不与贫困为伍呢？难道真的像诋毁我的人所说，是因为我贪得无厌吗？"

洛克菲勒说："不！是勤奋！机会只留给勤奋的人！自我年少时，我就笃信一条成功法则：财富是意外之物，是勤奋工作的副产品。每个目标的达成都来自勤奋的思考与勤奋的行动，实现财富梦想也依然如此。"

在后来对子女的教育中，洛克菲勒依然笃信这一信念，他曾经在给儿子约翰的信中这样说："约翰，我能取得巨额财富，不过是因为我比常人优秀。我原本就是个平常得不能再平常的人，我没有经济基础，但我以坚强的毅力、顽强的耕耘，孜孜以求，终于功成名就。"

刚刚参加工作的洛克菲勒就职于休伊特–塔特尔公司，那时他还是名簿记员，但哪怕是最简单的工作，他都完成得非常好，也获得了老板的认可。他永远都记得老板当时对他的鼓励：“你一定会成功，以你这非凡的毅力。尽管我不明白将来会是什么样子，但有一点我相信，只要我用心去干一件事，我决不会失败。”

洛克菲勒是个从不停止奋斗的人，即使年逾古稀的他还拼杀于商海中，他相信只有奋斗才能让自己的生命不息。

的确，正如洛克菲勒所说，勤奋能修炼人的品质，更能培养人的能力。在这个无限变幻的世界中，没有永远的贵族，也没有永远的穷人。要想获得财富，唯一的、正确的方式就是勤奋。一切尊贵和荣誉都必须靠自己的创造去获取，这样的尊贵和荣誉才能长久。

你知道吗？风往哪个方向吹，草就往哪个方向倒。人要做风，即便最后遍体鳞伤，但也会长出翅膀，勇敢地飞翔。努力吧！在路上的人们。一个人如果缺少棱角、缺少勇气，无法选择走自己的路，那他只能成为被风吹倒的草。所以，大胆走自己的路，努力吧，总有一天，你会成为翱翔的雄鹰，繁华褪尽，剩下的只有荣光。

总之，我们都要知道，我们的生命只有一次，不可重来。那么就让我们在有限的生命中，更加积极努力地激发自身的力量，让自己不断地成长和学习，努力地奋斗和进取，这样我们才能全力以赴为梦想拼搏，绽放生命的光彩。

梦想的实现，就是将简单和平凡的小事做到极致

生活中，我们很多人，在提到未来时，他们都意气风发、满怀信心。然而，梦想有时候并不需要多么伟大，只需要我们将眼前的小事和手头的工作做到极致，因为生命中的大事皆由小事累积而成，没有小事的累积，也就成就不了大事。只有了解这一点，我们才会开始关注那些以往我们认为无关紧要的小事，培养自己做事一丝不苟的美德，养成做事不打折扣、不留尾巴的习惯，养成做事少出差错甚至不出差错的习惯。久而久之，你会发现，原来你的梦想早就实现了。

可悲的是，一些人对于理想的憧憬，似乎过了头。如果你每天都在展望自己的未来而不踏实工作、生活的话，那么，只能让心智沉浸其中，从而陷入人生的陷阱。

任何人，都应该把眼光着眼于当下，只有把每一天过得实在有意义，把每一天的学习、工作任务及时完成了，才能在每一天中悄悄地成长，慢慢地长大。当你回过头来的时候，你会惊讶地发现，原来自己的每一天过的是这样的充实，你会为自己感到骄傲和自豪。

华罗庚是我国伟大的数学家。他出生于江苏省一个穷困的县城，家庭非常贫穷。但是，他从小就很爱动脑筋。有些事情，别人看过就忘记了，但是他却很爱琢磨。有一次，他和小

朋友一起去郊外游玩，发现了一些石头雕刻的人和马。他沉思片刻，问和他一起去的小朋友："这些石人石马这么大，到底有多重呢？"小朋友说："额，这个，这个……怎么可能知道呢？"华罗庚陷入沉思，过了很久说："想知道，肯定能找到办法。"

上完初中后，华罗庚辍学了，但他却从未放弃学习，坚持利用帮父亲干农活的闲暇时间读书学习。没过多久，他身患重病，并且导致左腿残疾。对于19岁的他来说，这个打击太沉重了，他几乎陷入了绝望。然而，他想到失去双腿的孙膑，决定向孙膑学习，身残志坚。就这样，华罗庚奋起抗争，抵抗命运的无情捉弄。白天，他拖着残疾的左腿，帮家里干活，晚上，他在昏暗的煤油灯下，顽强学习。几年后，《科学》杂志刊登了他的一篇论文。读到这篇论文后，清华大学数学系主任熊庆来教授发现了才华横溢的华罗庚。后来，华罗庚被清华大学聘请，成为助理员。进入清华园之后，华罗庚一边工作，一边如饥似渴地学习，最终成了举世闻名的数学家。

成功，不管什么时候，不管对谁而言，都是从最简单的小事做起。就像华罗庚，就像很多很多声名显赫的伟人。平凡如你我，永远不要觉得自己距离成功很远。一则成功的定义不同；二则不管什么样的成功，都有最简单的开始、最纯粹的坚持、最坚强的毅力。成功不是天上掉下来的馅饼，更不可能是一蹴而就的。要想成功，就从此刻开始，从小事开始，从不放弃开始。你，准备好迎接成功的到来了吗？

的确，今天不过去，明天就不会来到，再伟大的理想，如果没有一天一天地累积，也会倾塌。在生活中，输得最惨的往往是些聪明人而不是笨人。原因就在于笨人知道自己不够聪明，只能靠苦干、实干才能创造好的生活，最终他们如愿以偿了。而聪明人做事时则不肯下力气，总想着要小聪明，投机取巧，结果往往输得很惨。所以智慧和实干比起来，实干更加不可或缺。

着眼于眼前，就需要我们重视当下工作中的每一件小事、每一个细节，事情天天在做，但真正把事情做好、做到位却还有一段距离。小事做不了，何以成大事？在诸多工作中出现的问题，恰恰是这些细节、小事的不到位，思想上的一点点马虎，执行上的一点点疏忽大意，导致结果上出现很大的差异。有的工作已经做好一大半，有的甚至做到了99%，就差1%，但就是这点细微的区别使我们在事业上很难取得突破和成功。

的确，无论做什么，只有做到100%才算是合格，哪怕是99%，也是打了折扣的。我们每个人都要秉着这样的信条："我要做的事情，不会让任何人操心。任何事情，只有做到100%才是合格，99分都是不合格，60分就是次品、半次品。"很简单的一个道理。就拿烧一壶水为例，烧到99℃，就是温开水，而不能产生巨大的能力，若再加一把火，水就会沸腾，并产生大量水蒸气，就能够产生巨大的动力开动机器。

因此，要想把事情做到最好，自己心中必须有一个很高的标准和严格的要求。

走向社会以后，让自己沉下心来进入角色是非常重要的，越早进入就意味着越早地步入事业的轨道。每天都让自己成熟一些，浮躁之气自然会少下来。

一位父亲告诫他的孩子说："无论你以后做什么样的工作，都要做到一丝不苟、认认真真、全力以赴。要是你能做到这一点，你就不必担忧自己没有好前途。你看这世界上，到处都是散漫、粗心的人，做事善始善终的人是供不应求、深受欢迎的，只有认认真真做事的人才是未来竞争中的成功者。"

这位父亲的话是有道理的，一个人的成功并不在于他在做什么，而在于他有没有做到最好、做到位。成功者之所以成功，就是因为他们具备一个品质，即专注于一件事并追求极致。因此，我们在学习、生活和工作中应该以更高的标准要求自己，能做到更好，就必须做到更好，能完成100%，就绝不只做99%。

当然，做好每一件事、过好每一天，并不是要求我们做一个工作狂；相反，在努力工作的同时，我们依然要懂得享受每一天美好的生活。享受生活归根结底是一种心境。享受的关键在于寻找快乐的人生，快乐并不在于我们拥有多少、获得多少、生活质量如何，而是在于我们怎样看待周围的人和事情，怎样让自己有一颗接纳一切快乐事物的心。

第 10 章

梦想没有直行车，你需要做的努力很多

在我们的生活周围，不少人总是羡慕那些成功者，而感叹自己时运不济。其实，我们应该重新审视一下自己，你足够努力吗？你足够坚持吗？成功者只是比我们付出更多也更努力而已。的确，我们每个人都有自己的梦想，但梦想绝不是一蹴而就的，而需要我们持续不断地付出，你有多坚持，就会有多成功。

善于合作，借助他人的力量实现人生梦想

生活中，我们每个人，都是社会和集体中的人，要想实现自己的人生梦想，最大化地创造自己的价值，就不能忽视他人的价值，要与更多的人相处，向他们学习，与他们合作，这样才能实现一加一大于二的人生模式。

俗语说：单丝不成线，独木不成林。任何大事都是由众人合作完成的，一个人的力量虽小，但是一群人的力量是巨大的。没有汉初三杰和豪杰们的合作，刘邦不可能建立汉朝；没有桃园三结义，刘备怎么可能三鼎天下；没有瓦岗排座次，褐衣公子如何会有成就。由此可见合作的重要性。

在投资界，巴菲特可以说是家喻户晓，但是他的朋友芒格却是很少有人知道。这位芒格先生也是伯克希尔公司的董事会副主席，虽然，他经常与巴菲特一起出席种种公众活动，但是巴菲特喜欢侃侃而谈，而芒格总是保持缄默。

即使如此，我们千万不可小觑巴菲特这位朋友，在巴菲特所创造的许多经典投资案例中，有很大一部分的功劳应该是芒格的。就好像巴菲特大儿子霍德华曾说：“我爸爸是我所知道的‘世界上第二聪明的人’，第一是谁？当然是芒格。”

1975年是巴菲特与芒格开始正式合作的第一年。

刚开始的时候，巴菲特认为赚钱的是“廉价股”，他也极力推崇这一投资方式，并且，一开始他确实利用这种方式赚了不少钱。然而，在芒格看来，投资市场上的“廉价股”会越来越少，他认为巴菲特的投资方式并不是万能的。芒格觉得，如果一家公司的盈利足够好的话，那么，即便它的股价再高一些，也是值得购买的。同时，芒格还说道：“在投资时要注重公司管理者的素质，假如一家公司的领导层是一群有抱负、善于管理的人，那么这家公司一定能有一个光明的前景。”

事实上，在投资这条路上，朋友芒格确实给予了巴菲特很大的启示。对于芒格的这些理念，巴菲特自己也做出了肯定的评价，他说：“他把我推向了另一个方向，我以非同寻常的速度从猩猩进化到人类。”

世界首富比尔·盖茨经常被问到，如何成为世界首富？他每一次的回答都是，因为我请了一群比我聪明的人来帮我工作。所以说，一个人的成功并不取决于他自己的力量有多大，而是取决于他能够借助别人力量的能力有多强。因此，如果你觉得脚下的路太难走，那么，很有可能是因为你没有找到方法。现代社会，我们任何人，想要拥有财富，都要懂得借力，就是要懂得与人合作。

也许有些朋友会说自己不愿意与其他人合作，只想一个人安安静静地生活。不得不说，这样的人生状态是很消极的，拥有这样人生状态的人也必然是对人生失去希望的。尽管我们不能过于看重作为身外之物的金钱名利，但是人活着总是要有些追求的。哪怕只是想多挣钱而激励自己动起来，积极主动地面对人生，也是一种动力。当人真的无欲无求，对于人生没有任何渴望和追求，则一定会失去生命的活力，也会变得被动。换而言之，哪怕一个人真的是人中龙凤，他也无法完全战胜实现梦想过程中的艰难坎坷，所以一定要找到志同道合的合伙人，才能不断地汲取和吸纳力量，也才能开拓属于自己的人生天地。

那么，具体来说，我们该如何与人合作呢？

1.消除心理成见

可能你会认为，这样建立起来的友谊不就是功利性的了吗？可是，哪一段友谊能完全摒弃功利呢？完全没有功利色彩的友谊是不存在的。举个很简单的例子，当你认为某个人身上有你没有的技能时，你会选择与之结交；但当你发现他其实是个腹中空空的草包时，你恐怕对他也不会有多大兴趣。生活中，我们经常听到一些人抱怨朋友不讲交情、不够哥们儿。其实，引起抱怨的主要原因就是自己的某种需求没有得到满足，而这种需要何尝不是功利性的呢？

谁不希望结识那些能力强的人呢？那些能力强的人往往能帮助我们找到财富之源。可以假设一下，如果对方能为你提供一次做大生意的机会，你会拒绝吗？

2.学会为人所用，体现自己的价值

“被利用”这个词听起来好像过于功利了，但人际关系心理学家认为，只有互惠互利的人际关系才是健康的、长久的。虽然我们的社会提倡奉献和利他精神，但这是一种最高层次的人际交往境界，很难要求所有人都做到这一点。

朋友之间的关系不是索取和奉献，而是彼此互求互助。由此可见，如果你想赢得朋友，那就必须在你们之间建立互利关系，这是筑牢你们关系的一个根本。

人之所以需要与人交往，多半时候，都是因为想从交往对象那里满足自己的某些需求，这种满足，既有精神上的，也有物质上的。所以，按照人际交往的互利原则，人们实际上采取的策略是：既要讲感情，也要有功利。可以说，人际交往中的互惠互利合乎我们社会的道德规范。

好的人际关系还需要你来培养，只有用真诚和爱心，才能巩固起你的人际关系，也只有团结他人，你手中的力量才会更强大。一个人无论多么能干，多么聪明，多么努力，但如果他不能或是不愿意与团体一起合作，那他日后也绝不会有什么大成就。

需要注意的是，合作不能盲目，必须对合伙人加以考察，不但重视合伙人的能力和水平，更要重视合伙人的人品和素质，才能在此基础上建立长久和双赢的发展关系。当然，这个世界上没有永远的敌人，只有永远的利益。当觉得无以打动合伙人时，不如给对方让利。这样看似少赚了一些利润，实际上却获得了长久的合作，就像薄利多销的道理一样，这样的合作才是更长远的。香港首富李嘉诚，就是因为能够拱手把利益让给合作伙伴，所以才能把生意做得长长久久，也才能实现与合伙人的共赢和皆大欢喜的结局。

严格要求自己，别给自己放纵的机会

生活中，很多人想成功，但成功者在少数，原因有很多，其中最为显著的就是自制力的强弱，自制力强者始终能严格要求自己，毫不懈怠地为梦想奋斗。

俗话说："学好千日不足，学坏一日有余。"坏习惯、自由散漫一学就会，而严守纪律、严格约束自己则要困难得多。如果我们要想成为一个有用的人，要想有所作为，就一定要严格要求自己，付出艰辛的努力；假如我们习惯于贪图享乐，就很容易使自己变得懒散堕落，最终一事无成，甚至有可能步入歧途。

贝利在小时候参加了一次激烈的足球赛，比赛结束之后，贝利累得喘不过气来。休息的时候，贝利向小伙伴要了一支烟，他得意地从嘴里吐出一缕缕淡淡的烟雾，贝利有点陶醉了，似乎刚才的疲劳也随之消失了。然而，这一切被父亲看见了，父亲的眉头皱得很紧。晚上，父亲问贝利："你今天抽烟了？"贝利意识到自己做错了事情，低声回答："抽了。"不过，父亲并没有发火，他在屋里走了好半天，才平静地对贝利说："孩子，你踢球有几分天资，也许将来会有出息。可惜，你现在要抽烟，会损坏身体，使你在比赛时发挥不出应有的水平。"小贝利涨红了脸，头更低了。父亲接着说："作为父亲，我有责任教育你向好的方面努力，也有责任制止你的不良行为，但是，究竟是向好的方向努力还是向坏的方向滑去，你自己才能做决定。我只想问问你，你是愿意抽烟呢？还是愿意做个有出息的运动员呢？孩子，你该懂事了，自己选择吧！"说着，父亲掏出一沓钞票，放在桌上，说道："如果你不愿意做个有出息的运动员，执意要抽烟的话，这点钱作为你抽烟的钱吧！"说完，父亲就走了出去。贝利望着父亲远去的背影，回味着父亲恳切的话语，他难过地哭了。然后，贝利拿起桌上的钱去还给了父亲，他坚决地说："爸爸，我再也不抽烟了，我一定要做个有出息的运动员。"

贝利开始走向上坡路，通过刻苦训练，贝利的球艺突飞猛进，15岁参加桑托斯职业足球队，16岁进入巴西国家队，被人们称为"黑珍珠"，他就是球王贝利。

在生活中，我们要经常检查自己，督促自己，克服自己的不良习惯，严格要求自己，不断地完善自我，最终成就自我。

有人说，一个人想要征服世界，首先要战胜自己。在日常生活中，我们很容易就会陷入自我的泥潭而无法自拔，沾染上一些坏习惯，整个人变得颓废不堪。学坏总是那么容易，而要想学好却是难上加难。为了避免自己一不小心走“下坡路”，我们应该时刻警惕自己的行为，努力走向上坡，欣赏别样的风景。

哲人说：“贪图享乐是厄运的源头，克制好自己的欲望，做好自己的事情，才能平平安安地度过自己的人生之旅。”随时警惕自己的行为，不要让自己踏上贪图享乐之路，无论是欲成大事者，还是一个普通的人，都应该学会自制。

一旦没有了约束，人就会不断地放纵自己，直到毁灭的那一天。生活对于我们而言，每天都充斥着未知的诱惑，可能是金钱与地位，可能是享乐与欲望，但是，当你开始深陷其中的时候，你是否能察觉到呢？

王阳明少年时期曾到居庸关去“见世面”，他深深地被大漠风光吸引，回来之后向父亲表达了以几万人马讨平鞑靼的志向，父亲当即批评他太狂傲。之后，王阳明经过一番思考、自省，向父亲承认了自己的错误。因为善于潜修自己，所以他最终成为一代圣贤。

在人生的道路上，我们会面对各种不同的挑战，但是，我们最大的敌人并不是别人，而是自己。我们更要勇于挑战自我，一旦发现自己出现某些坏习惯，一定要紧急刹车，这样我们才能重新上路，走向成功。

那么，我们该如何严格要求自己呢?

1.严格要求自己，磨炼自己的毅力

能否严格要求自己考验的是一个人的意志力。当然，磨炼自己的意志并非一朝一夕就能做到的，需要你从小事、简单的事做起，并坚持下来。

2.别总为自己找借口

例如，“时间还早”“现在做已经太迟了”“准备工作还没有做好”“这件事做完了又会给我其他的事”，等等，不一而足。

3.坚持到最后，找到成就感

因为坚持，是对性格的锤炼，是对心境的考验。在坚持的过程中不断跨越障碍、突破自我，最后会给你带来一定的成就感，促使你对事情感兴趣。

4.端正态度，直面责任

“积极高昂的态度能使你集中精力完成自己想要的东西。”在工作中，应始终保持平常心态，在任何时候，工作和责任始终捆绑在一起，工作越重要，责任越大，没有工作也就无所谓责任，要敢于负责。

总之，失去控制的人生最终会使你失败。唯有自制的人，才能有效地控制自身，把握好自我发展的主动权，驾驭自我。一个人除非能够控制自我，否则他将无法成功。

时间有限，尽快找准自己的人生定位

小时候，我们很多人的梦想大概都是快快长大，总是觉得时间过得太慢。长大后，忙于事业与家庭，却惊觉时间过得好快，不经意间白发已经悄然上了心头，逝者如斯夫，不舍昼夜。时间的长河是无限的，但是属于我们每个个体的时间却是有限的。它对我们每个人都是公平的，生活在同一片天空下，我们所拥有的时间都是相等的。所以，对于任何人来说，都要尽早找到值得自己付出一生的事业。

我们似乎总是将时间浪费在一切无关紧要的事上：追不完的电视剧、安排不完的工作、参与不完的聚餐聚会、逛不完的电商平台，让我们的每一天似乎都忙碌无比。静下心来仔细思索，却发现什么也没有得到，真正做成的事情寥寥无几。这样的忙碌是可悲的，也是可怕的，因为它只会带给你空虚寂寞与自责悔恨。

将有限的时间花在重要的事情上，将自己的人生定位找准，拎清楚自己人生中最重要的事情，将所有的业余时间都用在上面，尽管身体很忙，心里却是放松的。心情放松，人生才会过得潇洒与肆意，欢乐才会永驻。

也有一些人，他们很早就树立了人生的目标，然而，不知道是目标太过伟大还是什么其他的原因，他们总是奋斗一段时间之后，就放弃了努力。他们重新归于安逸，重新规划人生，在经过一段时间的休养生息后，重新给自己定立新的目标。就这样，他们的人生不断地在重复这样的过程，日复一日，年复一年，他们也许做了很多琐碎的事情，也常常下定决心，但是最终却毫无成就、碌碌庸庸。

不管是多么卑微的工作，要想做出一定的成就，没有个三五年的时间，是不会见效的。这些人的可悲在于，他们常常只给自己几个月时间，或者只给自己一年半载的时间，不见成效之后，他们马上就换一份工作，甚至换一个行业。试问，既然大家都知道天上不会掉馅饼，也知道自己不是富二代、家族企业接班人，没人直接给我们财富、工作，我们还有什么资本挑三拣四、朝三暮四呢？

珊珊是个非常聪明的姑娘，但是，她的心气太高了。大学毕业后，她和好朋友静静一起来到上海，想在这里找到属于自己的一片天地。在上海这个国际化大都市里，大学本科生、研究生一抓一大把，更别说像她们这样的师范专科毕业生了。因此，她们为了找工作吃足了苦头。眼看着从家里带来的盘缠全都花完了，珊珊一边哀叹着“心比天高，命比纸薄”，一边和静静一起去了一家大公司报到当文秘。静静还安慰珊珊：“别难过，咱们刚刚毕业，没有任何工作经验，学历也不高，慢慢来吧，只要把工作做好了，一定会有晋升机会的。”

刚开始工作时，日子还好过一些。因为有很多办公室的文件她们都不会处理，每天都要和老员工学习，所以倒也充实。几个月过去，该学的都学会了，静静觉得自己工作起来得心应手多了，但是珊珊却开始不安分起来。她对静静说：“我觉得自己这几个月进步很大，我准备跳槽了。现在，不管去哪个公司我都不害怕，你看，这些Word之类的报表，咱们分分钟都搞定了啊！”静静劝她：“咱们现在刚刚适应工作，我觉得还是应该抽空学学其他的东西呢。真是不工作不知道，一工作，才知道自己在大学里学得太少了。”

尽管静静再三劝说，珊珊还是骑驴找马，最终跳槽到另外一家小公司当助理。公司虽然小，但是职位比先前的文秘有了提升，因此薪水也高了一些。就这样，在接下来的5年中，珊珊一直在不停地跳槽，最终当了经理助理。

有一天，她闲来无事，突然想起了静静。于是，她拨通了静静的电话：“嗨，静静，还记得我吧，我是珊珊。你还在当那个破文秘吗？我现在可是经理助理了呢！”不等静静说话，她就沾沾自喜地一通炫耀。不想，电话那头的静静波澜不惊地说：“珊珊啊，我当然记得你了。我早就知道你当助理了呢，因为是我和张经理提议让你当助理的。”

“什么？你……你认识张经理？”“也谈不上很熟悉，我是上次代表公司和他谈收购的时候，听他提起你的。”“收购？”珊珊一下子想起一个月前张经理说的公司即将被收购的事情，不由得惊讶地问：“你就是张经理说的总经理？”静静依然很平静地说："是的，目前上海分公司这边由我负责。其实我也是运气好，当了3年的文秘，之后刚刚升任人事部门的负责人，结果原来的总经理怀孕要生孩子了，她觉得我对这边的人事以及公司运营都很熟悉，所以就推荐了我。"

和静静通完电话，珊珊肠子都悔青了。她原本还准备公司被收购之后跳槽呢，现在必须认真考虑考虑了。

人生能有几个5年呢？在最好的年纪，也就三两个5年吧。浪费了一个5年，如果再浪费一个5年，珊珊的职业生涯就很难再稳定下来发展了。同样的起点，同样的年纪，5年之后，珊珊和静静的职业发展简直不可同日而语。她们的区别在哪里？无非是一个立长志，一个常立志。

不管做什么事情，都要有长性。无论从事何种工作，这山望着那山高，永远是行不通的。我们也应该具备卧薪尝胆的精神，全神贯注地做一件事情。等到我们把一件简单的小事做到极致的时候，我们距离成功也就不远了。

总之，人生路上，我们每个人的时间都是有限的，找到你想要的，找到你认为重要的，一定要趁早。要知道，我们唯有珍惜有限的时间，将有限的时间花在重要的事情上，人生才不会虚度。

选择你所爱的，爱你所选择的

人生在世，要想有一番成就，就必须有目标，这是毋庸置疑的。正是因为这一点，现实生活中的很多人，他们认为自己当下的工作根本谈不上“惊天动地的事业”，于是，他们总是渴望拥有一份更能发挥自己能力与价值的工作，对自己的本职工作便心不在焉。实际上，“选择你所爱的，爱你所选择的”，既然你已经选择当下的职业，就要热爱你的工作并做到专心致志、全力以赴，这是每个社会人的职责，也是让自己快乐的源泉。我们死心塌地地对待我们所做的工作时，就能产生火热的激情，它能让我们每天在工作中全力以赴。久而久之，持续地努力付出自然会有回报，你将因出色的表现而获得巨大成就。失去热情，必然会失去继续前行的动力；失去激情，必然会失去战胜困难的勇气，不敢面对挑战，这样的人生必然乏味而无聊。

小陈是计算机专业的硕士生，毕业后去了一家大型软件公司工作。工作没多久，他就凭着深厚的专业基础和出色的工作能力，为公司开发出一套大型的财务管理软件。为此，他得到了公司同事的称赞和上司的肯定。

就在去年，小陈被提升为开发部经理，在上司看来，他不仅精通技术，而且是一个值得下属信任和尊敬的上司，而他所领导的开发部屡创佳绩。后来，公司老总认为小陈是一个不可多得的人才，就把他提升为总经理，负责全公司的管理。接到任命通知书后，小陈显得并不高兴，他明白自己的特长是技术而不是管理，如果自己纯碎去做管理，会使自己的特长无法发挥，而且，专业技术也将被荒废。更关键的是，自己并不喜欢做管理，在小陈看来，那是不值得去做的工作。

可是，碍于上司的权威和面子，小陈还是接受了这份对他来说不值得去做的工作。果然，在接下来的一个月里，虽然小陈做出最大的努力，但结果还是令人失望。上司难以体会到他的苦衷，也开始对他施加压力。如今，小陈不但感到工作压抑，毫无乐趣可言，而且，他越来越讨厌这份工作，甚至，想到离开公司另谋出路。

的确，在职场中，如果你不热爱你的工作，那么，工作对于你来说就是一件痛苦的事。对于案例中的小陈来说，如果他始终无法热爱自己的工作，那么，他是该离开了。这样，也才能体现出他应有的价值。

那么，如何才能做到热爱并做好自己的本职工作呢?

1.了解你的兴趣所在

俗话说，兴趣是最好的老师，兴趣所在，便是动力所在，这有助于集中注意力的培养。

在择业之前，你应该考虑自己的兴趣。如果工作在某些方面真的令你缺乏兴趣，这里并不是说一定要强迫你每天在工作的时候保持微笑，如果你真的不喜欢自己所做的事情，对它缺乏积极性，那么这是不值得去做的，不管你得到的薪水有多高，不管你的职业生涯攀上了多少高峰，都是不值得的。

如果你并不了解自己的兴趣所在，你要怎样才能挖掘出它们呢？有很多方法可以做到这一点。例如，在你目前的工作中，你最喜欢它的哪些方面？是和他人共处，还是不和他人共处？是智力挑战，还是解决问题或者某个问题在某一天结束的时候有了具体答案的满足感？

2.倘若你已经有一份不错的工作，那么，不妨尝试着热爱它

其实，并不是所有工作都是那么妙趣横生的，甚至绝大部分工作都会因为工作环境的一成不变而变得枯燥乏味。许多在大公司工作的员工，他们拥有渊博的知识，受过专业的训练，有一份令人羡慕的工作，拿一份不菲的薪水，但是他们中的很多人对工作并不热爱，视工作如紧箍咒，仅仅是为了生存而不得不出来工作。他们精神紧张、未老先衰，工作对他们来说毫无乐趣可言。

可见，一件工作有趣与否，取决于你的看法，对于工作，我们可以做好，也可以做坏。可以高高兴兴和骄傲地做，也可以愁眉苦脸和厌恶地做。如何去做，这完全在于我们。所以只要你在工作，何不让自己充满活力与热情呢？

无论你现在从事什么样的工作，你都应该学会热爱它。即

使这份工作你不太喜欢，也要尽一切能力去转变，并凭借这种热爱去发掘内心蕴藏着的活力、热情和巨大的创造力。事实上，你对自己的工作越热爱、决心越大，工作效率就越高。

当你抱有这样的热情时，上班就不再是一件苦差事，工作就变成一种乐趣，就会有许多人愿意聘请你来做你更热爱的事。如果你对工作充满了热爱，你就会从中获得巨大的快乐。

设想你每天工作的8小时，就等于在快乐地游泳，这是一件十分惬意的事情！

另外，从工作中寻找成就感也会让你爱上这份工作。如果你是教师，你可以通过观察每个学生在学习上的进步、心智的成长来获得乐趣；如果你是医生，你可以从帮助病人排除病痛中获得快乐。另外，你还应该认识到，在每一份工作中，都学到了不同的知识。

不管怎样，竭尽全力、专心致志、全神贯注于本职工作。这样，渐渐地在痛苦之中逐步产生喜悦感和成就感。“热爱”和“全神贯注”就如硬币的正反两面，是因果关系的循环。因为热爱才能全神贯注，全神贯注之中自然而然就热爱上了。当然，最初难免有些勉强。但是，必须反复对自己说：“我正在从事一项了不起的工作”“这是多么幸运的工作啊”。于是，对工作的态度自然而然就有了大转变。

总之，现实生活中的人们，如果你想快乐地工作，那么，你就要记住，重要的并不是你付出了多少，而是你怎样为之付出。你可以在工作中抱有激情和热心的态度，尽自己最大的能力去做，不管会得到多少，始终抱有这种良好的心态来享受工作带来的乐趣！

为梦想拼搏，也要注重身体健康

生活中，我们经常听到这样一句话："身体是革命的本钱。"这句话强调了健康的重要性，一个人最大的财富就是他的健康和精力，这是无论用多少钱都买不来的。的确，健康是人生最重要的财富，有健康才会有事业。

然而，我们的生活中，有不少人，他们只知道工作，并不注意休息，直到身体亮起了红灯，他们才认识到"没有好的身体，也就失去了日后取得更多财产的机会。所以注意健康很重要"的道理。

努力工作的态度本无可厚非，而且值得称赞，但在繁忙工作之余，却忽视身体的健康，这给自己的未来埋下巨大的隐患。有调查表明，在白领人群中，有近20%的人几乎不做任何形式的体育锻炼；半数的精英白领说没有时间或者工作太累而不想锻炼；还有40%的精英白领则说不愿意将时间浪费在锻炼上，因为有更重要的事情要做。而在患有疾病的精英白领中，35%不愿去看医生，而且精英白领在医生面前谎报病情的情形也颇为严重。

这就是生活在重压下的白领们的身体状况。身体就像是一部机器，越用越灵活、越健康。长期不从事体育锻炼，不仅体形存在发福的危险，而且身体内在质量会如决口的河堤一样越来越糟糕。

从前，有一个贫穷的年轻人，他不是考虑如何改变自己现有的生活，而是经常抱怨自己时运不济，没有机会发财，使得自己终日受穷。为此他终日愁眉不展，并且常常叹息："如果我能够拥有一大笔财富，那该多好啊！"

有一天，年轻人又在唉声叹气。这时，过来一个须发皆白的老人，他见年轻人不高兴，便问道；"年轻人，你有什么事情吗？怎么不高兴呢？"

"老天对我不公平，别人都能有很多钱，生活富足快乐，可我却始终那么贫穷。"年轻人将心中的想法讲了出来。

"你很穷？"老人感到很惊奇，有些不相信年轻人的话，但又由衷地说："我看你很富有嘛！"

"我没有钱、没有工作、没有穿的和用的，这怎么能叫富有呢？"年轻人问道。

老人没有从正面回答，而是反问道："年轻人，我用1000元买你的手指头，你同意吗？"

"那可不行！没有手指头，我就没办法拿东西了！"

"那我给你10000元，买你的一只手，你同意吗？"老人又问。

“不行，我不想当残疾人！”年轻人再次拒绝了。

“我给你100万元，买你的青春，让你马上变成80岁的老人，你同意吗？”老人继续问道。

“不行，我怎么能出卖自己的青春哪！”年轻人回答。

“那我给你1000万元，让你马上死掉，可以吗？”

“不可以，那怎么能行呢！那样的话，我还要钱做什么？”年轻人蹦了起来。

听了年轻人的回答，老人笑呵呵地问道：“既然你已经有超过1000万元的财富，为什么还要哀叹自己穷呢？”

老人的话让年轻人呆立当场、无言以对，但他心中却想道：对呀！我已经这么有钱了，还有什么可叹息的呢！

看看自己的工作和生活，你是不是在拼命的过程中，也在以身体为代价，而换取看似更多的金钱呢？试想，没有健康，你还能拥有什么。健康不以财富地位的不同而有所变化，不管你有多大的成就，有多少财富，如果你没有遵循健康规律，健康都会离你而去。

其实，身体的健康程度直接影响着你的工作质量。长期处于亚健康状态的人，精神状态越来越差，每天都处于疲乏的状态，昏昏沉沉，本来一个小时就能解决的事情，拖了三个小时仍不见成果，最后只得搭进更多的时间，加班、熬夜，第二天更没有精神。这样的恶性循环不仅让你的工作焦头烂额，而且也在透支着你的身体本钱。

如今，越来越多的猝死病例发生在我们身边，尤其是对于那些经常熬夜加班、长期睡眠不足的人而言，患心脑血管疾病的概率非常大，远远超乎我们的想象。最让人痛心的是，这些猝死的人之中大部分都是正值壮年的，就这么突然离开人世，撇下挚爱的亲人和年幼的孩子，让人不禁感慨唏嘘。实际上，很多疾病都是有征兆的，也与生活习惯和工作习惯有着撇不清的关系。我们唯有从现在开始努力寻求健康的生活方式，调整好工作和生活之间的关系，才能在未来的日子里更好地享受生活，也更加摆正工作的位置。

现代社会，生活水平极大提高，当你为了实现自身的价值而努力工作时，当你为了改善家人的生活而努力工作时，你都应该时刻记得，工作的目的是更好地生活，而不是毁了生活。

不管是在学习、工作还是生活中，都应该学会劳逸结合。不会玩的人就不会学习，工作起来不休息的工作狂也坚持不到最后，只有懂得如何休息、如何安排自己作息时间的人，才是最高效、最成功的人。我们要学会在生活中寻找平衡点，找到这个平衡点，即便我们面临着众多的生存压力，也可以游刃有余地轻松生活。这就要求我们能够自己把握自己的生活。想要生活得如鱼得水，我们可以先找寻生活的平衡点，面对生活的重担，不要给自己太多压力，也不要急功近利，要知道罗马城不是一天就建成的，什么事情都需要一步一步去做。只有学会调节自己的心理，才能享受到生活的乐趣。

参考文献

[1]米粒.为了梦想，拼尽全力又何妨[M].北京：现代出版社，2016.

[2]小川叔.别让梦想只停留在开始[M].北京：中国言实出版社，2015.

[3]冀剑制.是思考，还是想太多[M].北京：民主与建设出版社，2010.

[4]行动派，白马时光.你和梦想之间，只差一个行动[M].天津：天津人民出版社，2017.